长江经济带高质量发展研究丛书 ⑦

总主编 秦尊文 副总主编 李浩

长江流域生态补偿机制研究

李浩 刘陶 著

图书在版编目(CIP)数据

长江流域生态补偿机制研究/李浩,刘陶著.—武汉:武汉大学出版社,2021.11

长江经济带高质量发展研究丛书/秦尊文总主编;⑦

ISBN 978-7-307-22292-2

Ⅰ.长… Ⅱ.①李… ②刘… Ⅲ.长江流域—生态环境—补偿机制—研究 Ⅳ.X321.25

中国版本图书馆 CIP 数据核字(2021)第 092600 号

责任编辑:陈 红　　责任校对:李孟潇　　版式设计:马 佳

出版发行:**武汉大学出版社** (430072 武昌 珞珈山)

(电子邮箱:cbs22@whu.edu.cn 网址:www.wdp.com.cn)

印刷:武汉邮科印务有限公司

开本:720×1000 1/16　印张:12.25　字数:220 千字　插页:1

版次:2021 年 11 月第 1 版　2021 年 11 月第 1 次印刷

ISBN 978-7-307-22292-2　定价:45.00 元

总　　序

2017 年 10 月 18 日，习近平同志在党的十九大报告中指出“我国经济已由高速增长阶段转向高质量发展阶段，正处在转变发展方式、优化经济结构、转换增长动力的攻关期”，这是以习近平同志为核心的党中央首次提出“高质量发展”命题。2018 年 4 月 26 日，他在武汉召开的深入推动长江经济带发展座谈会上提出“以长江经济带发展推动高质量发展”。长江经济带高质量发展应以习近平新时代中国特色社会主义思想为指导，从五个方面深入推进。

一是深入推进科学发展。习近平总书记强调长江经济带建设要抓大保护、不搞大开发，不搞大开发不是不搞大的发展，而是要科学地发展。要科学发展就必须正确把握整体推进和重点突破的关系。从上中下游三大区域来看，重点在长江中上游地区。习近平总书记这次在长江沿岸考察，第一站就是在长江中上游结合部的宜昌，然后坐船顺流而下考察了长江中游的荆州、湖南岳阳，最后到了武汉，而上次发出“共抓大保护、不搞大开发”号召的座谈会是在上游的重庆召开的。这释放出一个强烈信号，就是党中央高度重视长江中上游地区的发展。我认为，这是实现区域经济协调发展和全面建成小康社会的需要。1988 年邓小平同志指出：“沿海地区要加快对外开放，使这个拥有两亿人口的广大地带较快地先发展起来，从而带动内地更好地发展，这是一个事关大局的问题。内地要顾全这个大局。反过来，发展到一定的时候，又要求沿海拿出更多力量来帮助内地发展，这也是个大局。那时沿海也要服从这个大局。”①这就是著名的“两个大局”战略思想。经过多年的发展，我国已经形成了一条比较发达的沿海经济带。以习近平总书记为核心的党中央高瞻远瞩，适时提出了长江经济带发展战略。长江经济带与沿海经济带构成一个 T 字形，长江经济带下游地区本身就与沿海经济带重合，因此实施长江经济带战略，重点和难点都在长江中上游地区。

---

① 邓小平文选：第三卷. 北京：人民出版社，1993：277-288.

二是深入推进绿色发展。习近平总书记在武汉座谈会上强调正确把握生态环境保护和经济发展的关系，探索协同推进生态优先和绿色发展新路子。2014年国家正式提出长江经济带发展战略之后，相关省市都有“大开发”的冲动，很可能步入沿海地区已走过的“先污染、后治理”的老路。针对这种苗头，习近平总书记2016年1月及时在重庆召开推动长江经济带发展座谈会，明确提出要把修复长江生态环境摆在压倒性位置，共抓大保护，不搞大开发。这次他来湖北视察，又强调长江经济带绿色发展，关键是要处理好绿水青山和金山银山的关系。这不仅是实现可持续发展的内在要求，而且是推进现代化建设的重大原则。生态环境保护和经济发展不是矛盾对立的关系，而是辩证统一的关系。不能把生态环境保护和经济发展割裂开来，更不能对立起来。长江经济带的绿色发展，还要发挥市场主体和全社会的主动性和积极性。企业是长江生态环境保护建设的主体和重要力量，要强化企业责任，加快技术改造，淘汰落后产能，发展清洁生产，提升企业生态环境保护建设能力。只有企业的责任意识上去了，才会终结政府环保与企业之间“猫捉老鼠”的游戏。我们要深入贯彻总书记的“两山理论”，既要绿水青山，也要金山银山，绿水青山就是金山银山。只有真正转变了经济发展方式，绿色发展和高质量发展才能落实到位，才能形成“在发展中保护，在保护中发展”的良性循环。

三是深入推进有序发展。长江经济带发展是一项复杂的系统工程，首先必须有总体谋划。没有总体谋划就没有行动指南，就往往容易脚踩西瓜皮，滑到哪里算哪里。党中央、国务院2016年出台的《长江经济带发展规划纲要》（以下简称《规划纲要》）就是总体谋划，就是一张宏伟的蓝图，相关省市都要按照总体规划来细化措施，稳步推进，有序发展，而不是一哄而上，甚至各自为政。要正确把握总体谋划与久久为功的关系，坚定不移将一张蓝图干到底，一茬接着一茬干，一届接着一届干，一年接着一年干，扎扎实实，步步为营。多做打基础、管长远的事，多做有利于可持续发展的事，做到“功成不必在我，成功路上有我”。要结合实施情况及国内外发展环境新变化，组织开展《规划纲要》中期评估，按照新形势新要求调整完善规划内容。要为实现既定目标制定明确的时间表、路线图，稳扎稳打，分步推进，久久为功。

四是深入推进转型发展。这就要求正确把握破除旧动能和培育新动能的关系，推动长江经济带建设现代化经济体系。破除旧动能就是要转换过去那种以物质投入、要素投入为主的发展方式，要破旧立新，要有新的发展理念、新的发展方式。2016年习近平总书记重庆讲话，主要是讲“不搞大开发”，破除旧动能，侧重点是“破旧”；2018 年在湖北视察过程中讲话主要谈科学发展、绿色发展和高质量发展，强调培育新动能，侧重点是“立新”。这就要求我们靠创新驱动长江经济带产业转型升级，建立现代化经济体系。过去我国科技很落后，技术创新很少，主要是在“跟跑”，现在我们追上来了，相当一部分在“并跑”，少数一些领域在“领跑”。在这种情况下，我们可以引进的技术相对会越来越少、越来越难，并且想引进来的高新技术别国通常不会轻易给，特别是国之重器还是要靠我们自己。我们要以壮士断腕、刮骨疗毒的决心，积极稳妥腾退化解旧动能，破除无效供给，彻底摒弃以投资和要素投入为主导的老路，为新动能发展创造条件、留出空间，实现腾笼换鸟、凤凰涅槃。

五是深入推进联动发展。习近平总书记武汉讲话明确要求，正确处理好自身发展与协同发展的关系，努力将长江经济带打造成为有机融合的高效经济体。可以说，“有机融合的高效经济体”是习近平总书记给长江经济带发展的新定位。长江经济带的各个地区、各个城市在各自发展过程中一定要从整体出发，树立“一盘棋”思想，实现错位发展、协调发展、有机融合，形成整体合力。长江经济带要高质量发展，必须是联动发展，即上下游联动，干支流联动，左右岸联动，各个区域联动，各个产业联动，包括水、路、港、岸、产、城的联动。要特别注重建立健全长江经济带高质量发展一体化推进机制。重点是加快推进重要政策一体化。如引资政策、财税政策、土地政策、开发区政策、金融政策、环境保护政策等方面保持基本的统一，要有统一的区域经济社会发展长远规划。要避免地区间的非市场化的政策性竞争，通过政府间的政策与规划协调，避免信息不充分条件下市场机制自发形成的重复建设、过度竞争的恶果。

作为占有长江干线最长通航里程、驻有国家各类管理长江机构的湖北省，对长江经济带发展的关注是“天然”的。早在 1988 年，湖北省委、省政府就提出了“长江经济带开放开发”战略，开全国之先河。湖北省是“长江经济带”概念的提出者，是建设长江经济带的先行者，当然开展长江经济带研究也最早、持续时间也最长。“长江经济带”上升为国家战略后，湖北人民欢欣鼓舞，斗志昂扬。2018 年湖北经济学院正式成立长江经济带发展战略研究院，并决定出版《长江经济带高质量发展研究丛书》，得到了武汉大学出版社的大力支持。丛书作者主要来自湖北经济学院、湖北省社会科学院，均长期从事长江流域经济及相关研究，研究对象为整个长江经济带。本套丛书既有对长江经济带发展的整体研究，也有长江经济带城镇化发展、产业发展、文化发展、政府合作等方面的专题研究。希望这套丛书能为长江经济带高质量发展作出湖北贡献。当然，丛书中可能还存在一些不完善的地方，敬请广大读者批评指正！

总主编　秦尊文

2019 年 8 月 5 日

目　　录

第一章　导　言

习近平总书记在党的十九大报告中明确指出："以共抓大保护、不搞大开发为导向推动长江经济带发展。"这是在新的历史起点上推动长江经济带发展的总要求和根本遵循。推动长江经济带发展要以生态优先、绿色发展为引领，同时要研究建立市场化、多元化的生态补偿机制。

第一节　内涵界定

一、流域生态补偿的内涵

生态补偿是以保护生态环境、促进人与自然和谐为目的，根据生态系统服务价值、生态保护成本、发展机会成本，综合运用行政和市场手段，调整生态环境保护和建设相关各方之间利益关系的环境经济政策。生态补偿主要针对区域性生态保护和环境污染防治领域，是一项具有经济激励作用，与"污染者付费"原则并存、基于"受益者付费和破坏者付费"原则的环境经济政策。

流域水资源具有流动性、连续性和整体性的特点。流域生态补偿是区别于森林保护、矿产开发等生态补偿而言的，是生态补偿的一个特定领域，主要针对流域开发与保护过程中的外部性问题。流域生态补偿概念被提出后，不少学者从自身学科角度进行了界定，但没有统一的概念(见表1-1)。流域生态补偿概念包含人与水的关系、人与人的关系两层含义，本质上流域生态补偿属于人与水的关系问题，即区域经济社会系统或特定行为主体对其所消耗的水资源价值或水生态服务功能予以补偿或偿还，通过水资源的有效保护或修复，促进流域水资源的可持续利用。

二、流域生态补偿的特点

流域生态补偿既具有一般生态补偿的特点，也具有一些自身的特点：(1)水作为生态与环境服务功能的主要载体；(2)补偿的依据为流域水量和(或)水质在时间和空间上的变化而导致的生态保护和环境恢复成本增加、生态服务价值的损失，以及发展机会的损失；(3)补偿实施的空间范围通常以流域为边界，补偿主体间通常具有明确的上下游关系；(4)补偿方式具有综合性。

表 1-1　　流域生态补偿的定义

作者	概　　念
Tonetti et al.（2004）	流域水生态服务的交易
Pagiola et al.（2002）	对水资源生态服务功能或生态价值保护和恢复或损害的补偿
周大杰等(2005)	中央和下游发达地区对由于保护环境敏感区而失去发展机会的上游地区以优惠政策、资金、实物等形式实施的补偿行为
刘玉龙(2007)	流域内从事生态保护和建设的行为主体、享受水生态效益的行为主体、影响和损害生态系统现状的行为主体，按其投入、受益、损害的情况，分别获得成本补偿、支付生态成本、承担治理和修复责任的一种补偿机制
宋建军等(2013)	以保护流域水资源和水环境，促进人与水生态和谐为目的，通过调整流域生态环境受益者与保护者、破坏者与受害者之间的利益关系，将流域生态环境保护成本中的外部成本内部化，从而调动保护者的积极性，约束破坏者的行为

三、流域生态补偿的分类

流域生态补偿可细分为流域水环境补偿(水生态补偿、水污染防治补偿)、水源地(区)生态补偿、跨流域/区域调水生态补偿、森林涵养生态补偿、主体功能区生态补偿(生态、水功能区生态补偿)、农田生态补偿、矿产资源开发生态补偿和企业退出补偿等(见表 1-2)。

表 1-2　　流域生态补偿的主要类型

流域生态补偿的类型	补偿形态	补偿的主要依据
流域水环境补偿(水生态补偿、水污染防治补偿)	排污费征收与使用，防污控污项目	水环境恢复成本增加
水源地(区)生态补偿	生态移民，居民补贴	水源区发展机会的损失

续表

流域生态补偿的类型	补偿形态	补偿的主要依据
跨流域/区域调水生态补偿	水权交易、取水许可、水资源费	水生态服务价值的损失
森林涵养生态补偿	退耕还林补偿	水生态服务价值的增加
主体功能区生态补偿（生态、水功能区生态补偿）	基于功能区的财政转移支付	流域发展机会的损失
农田生态补偿	农户直补	水环境恢复成本增加
矿产资源开发生态补偿	资源税、资源补偿费、生态环境恢复保证金	水环境恢复成本增加
企业退出补偿	异地开发，企业直补	流域发展机会的损失

第二节　文献综述

国内学术界对于长江流域生态补偿的研究主要集中回答流域生态补偿资金从何而来，补偿的标准如何，流域沿岸居民或团体的补偿意愿如何，以及通过建立何种机制框架和制度体系来实施流域生态补偿，并针对长江流域不同子流域设计了不同的生态补偿模式。

一、流域生态补偿资金相关研究

在流域生态补偿资金方面，徐大伟等（2012）将生态补偿分为资源型生态补偿和环境型生态补偿，认为流域生态补偿需要中央政府的适度干预，而且关键点是保证上游地方政府收益始终最大化。中央政府干预的程度是使上游政府的收益在保护的情况下比不保护的收益要大。王军锋和侯超波（2013）从补偿资金来源的视角，将我国流域生态补偿模式划分为上下游政府间协商交易的流域生态补偿模式、上下游政府间共同出资的流域生态补偿模式、政府间财政转移支付的流域生态补偿模式和基于出境水质的政府间强制性扣缴流域生态补偿模式等类别。李维乾等（2013）在假设流域各地区有合作博弈的基础上，通过利用梯形模糊数确定各地区权重的方法对 Shapley 值法进行改进，给出了基于 DEA 合作博弈模型的流域生态补偿额分摊方案。曲富国和孙宇飞（2014）认为在流域上下游保护与补偿的博弈中，地方政府生态补偿的横向财政转移支付对流域上游水环境保护处于失效状态，必须通过地方政府间有约束力的协议及与中央纵向财政转移支付相结合的模式，实现生态补偿的最大效用。李昌峰等(2014)通过建立上下游地方政府之间的演化博弈理论模型，证明在地方政府自主选择过程中对于社会最优的环境保护(保护—补偿)策略不会达到稳定均衡状态，必须引入上级监督部门约束因子，才能确定出最优环境保护策略状态稳定时的惩罚金范围。白占国等(2015)创新提出了绿水信贷理念，通过分析绿水信贷与中国流域生态和水资源补偿建设的关系后认为，绿水信贷及其定量评估技术系统可以应用到流域生态和水资源补偿建设实践中。张明凯等(2018)以排污权交易为基础构建生态补偿多元融资机制，分别分析了政府、市场、政府和市场作为融资主体的融资机理，并研究了可行的融资模式。他们还利用系统动力学方法构建融资效果分析的仿真模型，对模型中的主要因果关系进行了描述，并对流图中各变量的赋值进行了解释。王西琴等(2020)依据流域生态治理的不同阶段，提出试行阶段以污染控制和水质改善为目标，补偿资金由流域上游、下游、国家三方共同分担；修复阶段以生态资源保护为主，补偿目标是水质与水量同时达标，分担比例以上游、下游水量分配作为依据，双方共同承担；稳定阶段以上下游互利双赢、绿色发展为目标，以机会成本的宏观经济指标作为分担依据。

二、流域生态补偿机制相关研究

在流域生态补偿机制方面，郭梅等(2013)认为跨省流域生态补偿的实施有赖于政府行政管理理念向区域治理理念的转变和相应的机制创新，包括建立流域政府间的民主协商机制、多元主体联合供给机制和中央对流域政府的选择性激励机制。肖加元和潘安(2016)认为水排污权交易市场是对现有流域生态补偿机制的补充，上游地区企业获得的生态补偿主要源于分配得到的水排污权，市场机制能够激励上游地区进行污染减排。张捷(2017)认为我国的流域横向生态补偿中，当上下游的博弈难以同时满足参与约束和激励相容约束时，合约中引入了纵向补偿来填平双方的“价格”鸿沟，形成了“纵横”交织的嵌套式合约；以奖罚并举的双向补偿来化解上下游的“产权”争议；借助中央政府的支持和地方政府的环保“锦标赛”机制克服了科斯定理对交易成本过度敏感的难题。朱建华等(2018)认为信托基金是实现流域市场化生态补偿机制的选择思路，并同时需要辅以转变政府角色定位、强化流域生态系统服务受益者社会责任意识、保障流域生态系统服务提供者经济利益、建立市场化流域生态补偿绩效评估机制、加强生态补偿政策宣传力度等。徐松鹤和韩传峰(2019)基于微分博弈模型，研究了生态补偿机制对流域上下游政府治污努力的影响，并对比了无生态补偿、有生态补偿和中央干预三种情形下上下游政府的博弈均衡解。研究结果表明，在解决流域环境治理问题时，上下游政府各自为政的非合作方式绝不可取，中央干预能够有效提升流域整体收益，但当下游政府给予上游政府足够大的生态补偿时，能够极大激发上游政府的治污努力程度，促使流域整体收益达到最优。郑云辰等(2019)指出建立多元化生态补偿机制是流域生态补偿政策的改革方向，其核心在于依靠多元补偿主体去分担一个共同的补偿量，并通过协同运作实现多渠道补偿，以提高生态补偿的效率。唐见等(2019)认为河长制平台在促进完善流域生态补偿机制方面具有非常重要的作用，主要表现在发挥河长制科技支撑作用，可完善流域生态补偿技术方法；发挥河长制部门协同作用，可完善流域生态补偿监测体系；发挥河长制统筹兼顾作用，可完善流域生态补偿方式。任以胜等(2020)将制度黏性引入尺度政治理论中来探究不同政府主体的博弈特征和博弈机制，认为流域生态补偿制度从“垂直”模式向“垂直—水平”模式的变迁过程中存在明显的制度黏性，政府主体利用政策革新和社会参与等制度约束稀释制度黏性，重塑流域生态补偿制度；尺度转换是推动新安江流域生态补偿的核心机制，政府主体通过重新分配权力和资本、嵌入非正式约束来塑造流域生态补偿话语体系，从而推动新安江流域生态补偿由“强国家—弱社会”向“强国家—强社会”结构模式的转变。卫志民和胡浩(2020)从多源流理论视角对流域生态补偿机制的源流变化、焦点事件和政策共同体等方面进行分析，研究表明流域生态补偿机制是在政策扩散助力下，政策企业家在政策窗口开启时推动问题、政策和政治三大源流汇合的结果。

三、流域生态补偿模式相关研究

在流域生态补偿模式方面，张婕和徐健(2011)较早开展了生态补偿模式优化组合的研究，通过运用 Markowitz 均值方差模型，考虑全流域的生态补偿收益的模糊不确定性，建立优化组合来实现最大化流域生态补偿收益，以及最小化流域生态补偿成本。钱炜和张婕(2014)利用前景理论对上下游保护和补偿时的心理状态进行分析，指出流域上下游的利益主体是有限理性个体，除了采用传统的经济补偿外，还应当注意补偿时机的选择、不同阶段补偿方法的选择。胡蓉和燕爽(2016)总结了政府付费和市场交易两种主流的流域生态补偿模式并进行对比分析，明确了流域补偿向市场交易方向发展的核心问题在于流域水资源产权的模糊，认为将水资源产权下放至地方并建立起二级政府反馈惩罚制度将会优化流域生态补偿模式。王雨蓉等(2020)从制度分析与发展(IAD)框架出发，讨论了可能实现持续利用流域生态系统服务的应用规则体系及其在流域生态补偿中的逻辑关系和具体表现，指出流域生态补偿规则体系为规定补偿主体、增加生态系统服务额外性、界定生态补偿的条件性、调节利益分配以及与其他社会目标相适应等行为提供了普遍遵循的规则。

肖爱和李峻(2013)指出流域生态补偿的法律关系需要调整，应该以直接规制为主导，为行政监管、流域生态补偿的技术运作以及流域主体间利益沟通与自主选择等提供充分透明的程序机制。杜群和陈真亮(2014)认为应当将水质目标分为“强制性水质”和“协议水质”，分别对应水环境负外部性生态赔偿和水环境正外部性生态补偿。其中，前者是法定的、“共同的”环境行政责任；后者是一种约定的、“有差别的”环境行政契约责任。我国当前应当强化流域跨界交接断面水质目标为共同环境行政责任，构建以“流域环境协议”为自愿遵守机制的流域生态补偿制度。

四、流域生态补偿支付意愿相关研究

在流域生态补偿的支付意愿分析方面，李超显等(2012)研究发现，以外部特征、现状评价、心理特征取代传统研究的个人社会经济特征作为支付意愿的主要影响因素更具全面性和解释力。徐大伟等(2013)认为建立有效的纵向科层型协商机制、横向府际型协商机制和内部市场型协商机制是生态补偿得以实施的关键落脚点。郭文献等(2014)认为在社会资本变化(社会信任、社会规则、社会网络)的情况下，个人决策变动对流域水环境和生态保护支付力度产生影响。周晨和李国平(2015)认为居民收入水平、受教育水平、年龄和偏好是影响居民支付意愿的重要因素，原因在于水量和水质变化影响了居民的效用水平。赵玉等(2017)运用条件价值评估法和有序 Logistic 模型分析了流域居民的生态补偿支付意愿及其影响因素，着重研究了心理距离、心理所有权对支付意愿的影响，并引入区位和类别虚拟变量对比分析了异质性支付意愿产生的原因。研究表明，从心理上缩短人与河流的距离，提升居民对河流的占有感，将有助于提高流域居民的生态补偿支付意愿。

五、流域生态补偿标准相关研究

在补偿标准研究方面，段靖等(2010)运用边际分析的方法，探讨了流域生态系统服务供给与需求均衡的条件，证明了直接成本、机会成本是生态补偿标准的下限，低于这个下限，生态补偿理论上将达不到激励生态保护行为的目的。禹雪中和冯时(2011)选取我国10个省份已经发布和实施的流域生态补偿政策的基本内容，对这些政策的补偿标准核算方法进行了分类，提出以成本和价值作为补偿标准核算方法分类的依据。研究认为，为了体现经济规律，同时增强生态补偿制度的激励作用，流域生态补偿政策中的补偿标准在污染赔偿方面需要进一步体现水污染造成的损失，在保护补偿方面需要体现水资源保护的经济价值。魏楚和沈满洪(2011)认为流域上下游居民均有适当的“污染权”，即便在上游地区达标排放的前提下，由于下游地区对水质的较高要求，其借助行政手段对上游地区采取了较强的环境管制，在缺乏足够生态补偿的情况下，上游地区由于环境管制而放弃了部分“污染权”，也即其为了更高的环境标准而放弃的机会成本，这部分机会成本可以视作下游需要向上游支付的生态补偿金额。赵银军等(2012)从流域内人类活动产生的损益入手，论述了流域生态补偿的概念、理论基础和运行机制，并利用经济学原理对生态补偿的必要性和补偿标准进行了理论解析，给出了流域生态补偿必要性的理论依据和需要补偿量的理论值。乔旭宁等(2012)研究发现可以通过流域断面水量水质及相关利益分析方法来确定补偿主体和对象，而补偿标准则以流域上下游生态损益、机会成本、居民支付意愿分别作为补偿上限、参考值和下限来综合确定。饶清华等(2016)认为为了消除生态环境保护活动的外部性，需要通过政府对上游补偿、对下游征税同时补偿上游、上下游之间进行谈判3种方式开展生态补偿，进而实现帕累托改进。

王奕淇和李国平(2016)认为通过比较流域上、下游地区的水足迹和实际可用水量来判断生态盈亏状态，并基于科斯定理构建了水足迹视角下的流域生态补偿标准计量模型。王军锋等(2017)提出流域环境功能保护需求存在差异，生态补偿标准可根据一般流域水污染控制生态补偿和水源地保护生态补偿两种基本模式来分别设计和计算。孟钰等(2019)基于层次分析法与熵权法的组合构建了涵盖社会经济发展、污染排放与监测、污染处理水平三个层面的生态补偿效果综合评估指标体系，并综合考虑主观与客观评价来核算生态补偿效果综合指数。

六、湘江流域生态补偿相关研究

在湘江流域生态补偿研究方面，吕志贤和李佳喜(2010)以湘江水质和水文数据为基础，首次结合各地市社会经济发展情况并引入补偿标准系数，以湘江流域所在区域为例进行了生态补偿资金测算。李超显和周云华(2013)在CVM问卷调查的基础上，采取probit模型与结构方程模型对湘江流域生态补偿支付意愿及其影响因素进行实证研究。研究表明“内部特征”与支付意愿存在显著的正相关关系，收入、学历、职业和年龄对支付意愿具有显著影响，性别、居住距离与支付意愿的相关关系不显著。李超显(2015)认为，建立湘江流域生态补偿制度，要探索湘江流域管理的大部制，构建湘江流域统分结合管理体制，提高湘江流域管理部门的监管能力；要建立健全湘江流域上级管制政策、区域协调政策和社会参与政策；要加强湘江流域区域生态补偿标准实施效果评估的价值取向，完善评估技术方法，构建科学的评估指标体系等。肖辰畅等(2016)根据湘江流域在湖南省经济发展及人居环境中的战略地位，为保持水生态环境，保证流域水资源的可持续利用，提出了构建湘江流域水资源生态补偿机制的必要性及需遵循的六个主要基本原则。彭丽娟和李奇伟(2018)研究表明《湖南省湘江流域生态补偿(水质水量奖罚)暂行办法》构建了流域水质水量分级考核、奖罚资金统一拨付的体制机制，但同时也存在补偿资金量偏小、处罚资金统筹分配欠合理等问题，因此建议拓展资金渠道，加强正向激励；统筹“一湖四水”，助推湘江流域生态补偿机制建设；整章建制，适时推进湘江流域生态补偿法治化；变革技术性方式方法，强化激励与平衡；探索创新，建立健全流域生态补偿基金制度。谭婉冰(2018)通过分析湘江流域生态补偿各利益相关者的利益冲突，建立了以湘江流域上、下游为主体的演化博弈数理模型，指出如果没有强互惠政府的出现，上、下游难以达到上游保护下游补偿的博弈平衡。杜林远和高红贵(2018)以湘江流域为例，从生态建设与保护成本分析法和生态系统服务价值法两种方法出发，对湘江流域生态补偿标准进行量化，得出制定科学的流域生态补偿标准应凸显水资源价值，依据地区差异实行差异性补偿的结论。程雯婷(2018)以湘江流域为例，运用生态足迹方法测算生态补偿额度，量化流域上下游生态保护建设，为流域生态与经济可持续化发展的生态补偿提供了理论依据。胡东滨和刘辉武(2019)从演化博弈基本分析出发，建立引入“奖励-惩罚”机制的演化博弈模型，对流域生态补偿上下游各利益主体之间的利益相关决策行为进行剖析，并使用湘江流域的水质数据，通过建立参数回归数学模型和利用局部线性回归方法，获得了在不同区间内的奖励和惩罚经济成本。

第二章　国内外流域生态补偿主要案例

流域生态补偿在国外的实践由来已久，而我国在流域生态补偿方面的工作则处于高速发展阶段。2005 年 10 月，党的十六届五中全会公报首次要求政府"按照谁开发谁保护、谁受益谁补偿的原则，加快建立生态补偿机制"。从此，生态补偿开始在中国全面开展。2013 年 11 月，党的十八届三中全会通过的《中共中央关于全面深化改革若干重大问题的决定》中，进一步确定要实行生态补偿制度，推动地区间建立横向生态补偿制度，建立吸引社会资本投入生态环境保护的市场化机制。基于此，很多地区积极推行了以流域为单元的生态补偿试点，为长江流域开展生态补偿提供了有益的经验借鉴。

第一节　国内流域生态补偿主要案例

一、水源地(区)生态补偿

1. 浙江德清水源地生态补偿

德清县主要开展生态补偿的西部地区是全县河流的源头，是全县乃至湖州市重要的饮用水源地。基于此，县政府对水源地进行了相应的规划和治理，适时关闭了河口水库上游的硃石矿、小笋厂，在一定程度上限制了西部乡镇第二产业的发展，因此有必要出台相应的制度以使受损者得到相应的补偿。为推进水源地生态补偿，浙江德清县出台了《关于建立西部乡镇生态补偿机制的实施意见》(2005)；《德清县西部保护与发展规划》(2005)；《德清生态建设专项资金收缴和使用管理办法》(2005)；《德清生态建设专项资金奖励补偿办法》(2005)；《德清县人民政府关于印发进一步深化完善生态环境补偿机制实施意见的通知》(2005)等有针对性的文件。

生态补偿的原则为"谁受益、谁补偿"、多元筹资、定向补偿。浙江德清县生态补偿金的筹措渠道包括：①县财政预算内按可用财力 1.5‰安排；②全县水资源费按10%提取；③土地出让金收益按1%提取；④排污费按10%提取；⑤排污权有偿使用资金按10%提取；⑥农业发展基金按5%提取；⑦森林植被恢复费按10%提取；⑧矿产资源补偿费和探矿采矿权价款收益按5%提取。

生态补偿资金筹措后，主要使用方向包括：①生态公益林的补偿和管护；②以日常生活处理为主的环境保护投入；③西部地区环保基础设施建设；④对河口水源的保护；⑤因保护西部环境而需关闭或外迁企业的补偿；⑥其他经县人民政府批准的用于西部生态环境保护事业的补偿。

浙江德清县生态补偿的主要管理措施有：①成立县生态环境补偿工作领导小组及其办公室，强化各部门的监管职责；②建立生态环境补偿考核机制。县生态环境补偿工作领导小组年终对相关部门、涉及乡镇、行政村履行生态环境保护工作进行考核，对生态补偿项目进行绩效评价，考核评价结果作为生态环境补偿资金补偿的主要依据。

浙江德清县生态补偿取得了一定的成效，包括：①污染源得到了有效整治，迁出规模企业，关闭小笋厂、硃石矿、整治规模化笋厂；②环保基础设施建设稳定推进，建成农村生活污水处理示范工程5个，饮用水工程得到了改造完善；③自然生态环境得到有效保护和改善。生态公益林补偿资金和财政转移支付资金的落实到位，保障了西部地区乡镇政府和广大人民群众保护和改善西部山区自然生态环境的积极性。

但也存在一些问题，包括：①生态补偿项目化管理问题突出。乡镇在申报生态补偿项目时，都罗列出一大堆生态保护相关的项目，尽可能多地找理由向县政府要钱，而且远远超过县政府生态补偿基金的规模。由于西部乡镇在申请生态补偿资金补助时，存在着“重复申报”的问题，即有些项目的补助已经发过了，但县政府往往没有资金配套，导致项目没有按期完成，还需不停地依靠县政府的拨款。②资金来源波动较大，缺乏持续、稳定的资金保障机制。资金来源中的排污费，以及土地出让金等部分的年度变动较大，需要确保有稳定的资金来源渠道。另外，从水价中增加0.1元/吨水资源费等，政策尚未落实。③目前只实现了对生态保护的成本分担，而没有真正补偿水源地发展权的损失。

2. 三江源水源地生态补偿

三江源地区位于青藏高原的腹地、青海省南部，是长江、黄河和澜沧江的源头汇水区，被誉为“中华水塔”。近几十年来，由于自然和人为的因素，整个三江源地区的生态环境已明显恶化，草地和森林遭到破坏，沙化、水土流失面积不断扩大，荒漠化和草地退化日益突出。

为了保护三江源水源，国家出台的主要政策包括：①青海省根据国家林业和草原局《关于请尽快考虑建立青海三江源自然保护区的函》批准成立三江源省级自然保护区，并于2003年升为国家级自然保护区。②2005年，国务院下发《青海三江源自然保护区生态保护和建设总体规划》，国家投资75亿元用于三江源地区的生态保护工程。③2010年青海省下发《三江源生态补偿机制试行办法》和《关于探索建立三江源生态补偿机制的若干意见》。

三江源生态补偿的原则为生态优先、以人为本、促进发展、循序渐进、激励约束。基于此，三江源完善了生态补偿金的筹措渠道，包括：①中央安排的国家重点生态功能区转移支付和支持藏族聚居区发展专项资金及其他中央专项资金；②省级预算安排，州、县政府预算适当安排；③中国三江源生态保护发展基金；④社会捐赠、碳汇交易等。

同时，三江源开展的生态补偿项目包括：①草畜平衡补偿；②重点生态功能区日常管护；③牧民生产性补贴；④农牧民基本生活燃料费补助；⑤农牧区后续产业发展；⑥“1+9+3”教育经费保障；⑦异地办学奖补；⑧生态环境日常监测经费保障。

生态补偿金的测算依据为当地统计部门公布的人口数、地域面积、重点生态保护区面积、机构设置等基础数据，以及生态环境监测和生态补偿绩效考评结果、成本差异系数等。三江源采取了一系列生态环境监测与评估体系和生态补偿资金绩效评价制度，根据职责与分工细化具体工作措施，重点加强“减人、减畜”任务、生态环境质量和改善民生等指标的监督落实，以及补偿政策、补偿标准和资金使用管理等情况的考核。

三江源补偿是对发展权的补偿，补偿资金很大一部分直接用于改善当地居民的生活、生产和教育条件。与此同时，成立三江源生态补偿机制实施工作领导小组，在流域生态补偿方面予以组织机构方面的保障。但是，三江源的生态补偿还只是短期性、低层次、救济性的补偿，真正意义上的生态补偿机制尚未建立；三江源区生态环境治理与实际获得的补偿资金之间缺口巨大；同时，生态补偿效果评估机制缺失，下游地区对未来征收“生态补偿费”是否合理存在疑虑。

3. 福建仙游县饮用水水源保护区生态补偿

为了切实保护仙游县集中式饮用水源地，保障人民群众饮用水安全，福建仙游县开展了饮用水水源保护区生态补偿，旨在通过实施生态补偿，强化饮用水水源保护区污染防治管理，水源保护区内必须遵守下列规定：①禁止在一、二级保护区内新建、扩建、改建畜禽养殖场(户)，现有的畜禽养殖场(户)必须全部拆除关闭，但允许农户养禽在20只以下。②禁止一切破坏森林资源的活动。一、二级保护区内禁止继续开山种果、扩大果园面积，禁止扩大营造桉树等速丰林面积。全面完成对一、二级保护区内坡度超过25°的山地果园的退果还林，种植阔叶树混交林，同时调整为生态林。对一、二级保护区内坡度超过25°的山地已种植的桉树等速丰林，待采伐后应种植阔叶树混交林，同时调整为生态林。鼓励对饮用水水源集雨区内商品林中的针叶林逐步进行改造，种植阔叶树混交林等生态林。③禁止使用不符合国家规定和标准的农药、化肥；不得滥用农药、化肥和除草剂，推广测土配方施肥；果园施肥必须深施覆土，禁止表面施肥，防止水肥流失对饮用水水源造成污染。④禁止在饮用水水源一、二级保护区内新建、扩建、改建排放污染物的工业企业；现有排放污染物的工业企业，由县环保局提请县人民政府依法进行拆除或关闭。禁止在准保护区内新建、扩建对水环境严重污染的建设项目，已建成的排放水污染物的建设项目责令限期治理达标，逾期不达标的，责令拆除或关闭。在准保护区内改扩建建设项目，不得增加排污量，必须以新带老促进污染治理。⑤禁止在保护区内倾倒排放或处置工业固废、城镇垃圾以及其他有毒有害废弃物和废液；禁止在水体中清洗装储过油类或者有毒污染物的车辆和容器。⑥禁止新批矿山开采项目，现有属于金属矿类等污染严重的矿山开采企业要立即关闭，其他非金属矿类的矿山开采企业在开采期间要严格执行环保规定。在一、二级保护区内的非金属矿开采期满后要全部关闭，并进行矿山生态恢复。⑦禁止乱扔、乱倒生活垃圾，规范对生活垃圾的收集、转运和处置管理，做到日产日清；加大对生活污水的整治力度，禁止使用含磷洗涤剂。

县政府成立以分管副县长为组长的饮用水水源保护区生态补偿工作领导小组，相关乡镇政府(街道办)和县环保局、农业局、水务局、建设局、卫生局、规划办、财政局、国土资源局、林业局、审计局、监察局等单位领导为成员，领导小组下设办公室(以下简称保护办)，挂靠县环保局，办公室主任由县环保局局长担任。各饮用水水源所在地的乡镇政府(街道办)成立相应组织机构。

同时，设立仙游县饮用水源保护生态补偿资金。资金来源为：一是市下拨给仙游县专项用于饮用水源保护生态补偿资金转入县生态补偿资金专户；二是跨流域调水市政府协调收取的补偿资金拨入县级生态补偿资金专户；三是争取市级财政补助和社会捐助；四是县财政根据饮用水源保护工作开展情况，合理安排生态补偿资金。

生态补偿的对象确定为：①建设公益事业。每年市下拨给仙游县的饮用水源保护生态补偿资金的50%拨给保护区范围内各乡镇政府(街道办)，其中：80%用于辖区内生活垃圾、生活污水及其他污染项目整治等公益事业建设资金补助，20%用于乡镇、村工作经费。按各乡镇(街道)所辖保护区面积平均分配。②开展生态保护及污染整治。每年筹措生态补偿资金的50%用于重点生态保护项目和污染整治项目资金补助。福建仙游县饮用水水源保护区生态补偿对象见表2-1。

表2-1　　**福建仙游县饮用水水源保护区生态补偿对象**

建设生态林	①征收饮用水源一级保护区内的农用地予以一次性补偿。②二级保护区内坡度超过25°的山地果园，有计划实施退果还林，并调整为生态林的，按照市政府有关规定，给予一次性果树补偿，同时从调整为生态林的第二年起，享受省级生态公益林补偿政策；对二级保护区内坡度超过25°的速丰林采伐之后，从种植阔叶树混交林并调整为生态林的第二年起，享受省级生态公益林补偿政策。③鼓励一级保护区之外的商品林地和耕地等土地调整为生态林地，且从调整生态林或种植阔叶树混交林的第二年起享受省级生态公益林补偿政策
开展污染源整治	①建立生态果园。提倡自然生草栽培的果园，对示范果园予以一定的资金补助。②科学施肥、用药，对示范果园和农作物示范点予以一定的资金补助。③对集镇、村庄截污治污工程设施建设，以项目带资金，按项目实际投资额予以补助。④对全县集中式饮用水源水质进行监测。⑤全面拆除或关闭饮用水水源一、二级保护区内的排污口，每年安排15万元作为执法经费
长效管理工作经费	以各饮用水水源保护区集雨面积计算，拨给相关水库管理单位，县级以上饮用水水源地水库每年每平方公里补助1000元，乡镇(街道)集中饮用水水源地水库每年每平方公里补助500元，作为日常管理工作经费。县级以上饮用水水源地水库此项经费由市级生态补偿资金直接拨付，或由县级生态补偿资金转拨。其他饮用水水源地水库由县级生态补偿资金直接拨付
创建生态县、乡镇、村补助经费	给予创建国家级生态县和创建国家级、省级、市级生态乡镇(街道)、村(居)经费补助

生态补偿资金由县保护办、县财政局在每年的 10 月底前对下一年度拟开展的重点生态保护项目和污染整治项目进行年度预算，并以县政府名义上报市保护办。在每年的 1 月底前，各乡镇人民政府(街道办)应向县保护办申报生态保护和污染整治项目。在每年的 1 月底和 7 月底前，县保护办应向市保护办申报半年度整治项目进度和长效管理机制落实情况，并开展自评；协调县财政局预算本县应补助资金总额。县保护办组织对各乡镇(街道)开展生态保护和污染整治项目情况进行现场考核验收，验收确认后将补偿资金拨付给乡镇政府(街道办)。

生态补偿的责任主体和验收对象以乡镇(街道)为一个单位，验收内容以工作目标任务为主要内容。成立县考核验收小组。由县环保局牵头，监察局、县农业局、水务局、建设局、卫生局、规划办、财政局、国土资源局、林业局、审计局等单位参加，对各乡镇(街道办)饮用水水源保护区的整治项目进行验收考核。以乡镇(街道)为单位，每年考核一次，得分在 75 分以下的乡镇，对乡镇(街道)主要领导通报批评，对分管领导和相关责任人视情况予以问责；对获得全县前三名的乡镇，予以通报表扬，并分别奖励工作经费 5 万元、3 万元、2 万元。同时把考核结果作为乡镇政府绩效考核内容之一。

生态补偿资金拨到县政府设立的饮用水源保护生态补偿资金专户后，由县政府统筹安排使用。乡镇政府(街道办)对县拨付的生态补偿资金统筹使用。生态补偿资金专款专用，对资金补偿使用情况进行公示。县审计、监察部门进行跟踪检查。考核目标与任务见表 2-2。

表 2-2　**考核目标与任务**

考核目标	整治任务
成立机构	县政府、相关乡镇政府(街道办)和行政村都成立工作机构
补偿资金使用管理	乡镇政府(街道办)制订详细的实施方案；资金专款专用，没有虚报瞒报和弄虚作假，资金使用公开、透明
畜禽养殖管理	一、二级保护区内禁止畜禽养殖，农户养禽存栏限制在 20 只以下
林地、林木和果园管理	禁止一切破坏森林资源行为；一、二级保护区内禁止继续开山种果、扩大果园面积；禁止扩大营造速丰林面积；对坡度超过 25° 以上的山地果园应逐步实施退果还林；对坡度超过 25° 以上现已营造速丰林的，待采伐后应种植阔叶树混交林等生态林

续表

考核目标	整治任务
农业生产管理	禁止使用不符合国家规定和标准的农药化肥；果园施肥必须深施覆土，禁止表面施肥
工业企业生产管理	禁止在一、二级保护区内新建、扩建、改建排放污染物的工业企业；一、二级保护区内现有排放污染物的工业企业，由县环保局报请县人民政府责令拆除或关闭。禁止在准保护区内新建、扩建对水环境严重污染的建设项目；已建成的排放水污染物的建设项目责令限期治理达标，逾期不达标的，责令拆除或关闭
有毒有害废弃物和废液管理	禁止在保护区内倾倒排放或处置工业固废、生活垃圾以及其他有毒有害废弃物和废液；禁止在水体中清洗装储过油类或者有毒污染物的车辆和容器
矿山开采管理	一、二级保护区内禁止新批矿山开采项目，现有矿山开采企业中属于金属类等污染严重的要立即关闭，其他非金属类的在开采期间执行环保规定，在开采期满后要全部关闭，并进行矿山生态恢复
垃圾收集管理	生活垃圾收集池、转运站布置合理、建设规范；生活垃圾没有乱扔、乱倒；生活垃圾日产日清；禁止使用含磷的洗涤剂
污水治理设施建设管理	全面完成乡镇、行政村污水处理设施和截污工程建设年度任务

二、生态搬迁补偿

1. 贵州省扶贫生态移民

贵州省为改善居住在深山区、石山区、石漠化严重地区贫困农户生存发展环境，加快人口战略转移和生态文明先行区建设，依据《贵州省扶贫生态移民工程规划(2012)》，制定了《贵州省2013年扶贫生态移民工程实施方案》。

生态移民总的原则是坚持政府主导、群众自愿，坚持统筹规划、合理布局，坚持因地制宜、分类指导，坚持先易后难、有序推进。通过组织进村入户调查，尊重群众意愿，确定移民对象。贵州省搬迁对象以居住在深山区、石山区特别是石漠化严重地区的贫困农户为主；以生态位置重要、生态环境脆弱地区的贫困农户为主。

安置地以小城镇、产业园区为主；安置方式以县城及县城规划区、产业园区(工业园区)或重点小城镇集中安置为主。实施方式以发挥基层党委、政府和矿山企业积极性、农民自力更生为主。与此同时，移民实施与发展旅游等特色小城镇、农村危房改造、城镇保障性住房建设相结合。集中安置地点工程设施包括生态移民住房、供水管道、水池、铺设污水管网、硬化道路、绿化亮化和集贸市场等相关设施。

移民补偿标准为，住房人均补助 1.2 万元，配套基础设施人均补助 0.7 万元，征地人均补助 0.1 万元。

生态补偿资金来源包括，一是中央财政专项扶贫发展资金，二是中央易地扶贫搬迁资金，三是整合住房与城乡建设部门资金，四是省级财政专项资金，五是市(州)、县(市、区、特区)财政配套及整合项目资金。

在配套政策方面：①住房政策。进入县城、工业园区安置的扶贫生态移民住房，标准为人均 15~20 平方米、户均 80~120 平方米。进入小城镇(集镇)安置的扶贫生态移民住房，户均建房占地面积不超过 60 平方米；每户移民配套建设一个门面或摊位、柜台。由县协调金融部门帮助农户申请建房贷款，对农户建房贷款给予贴息补助。住房和城乡建设部门在进行廉租房规划和布局时，重点向实施移民的地区倾斜。②土地政策。扶贫生态移民工程用地指标单列管理，项目县(市、区、特区)根据批复的实施方案实行先用后报。实行城乡用地增减挂钩，对原有宅基地复垦为耕地的，置换移民城镇建设用地指标由安置地政府统筹使用，减免办理土地征收使用等相关费用。涉及的征地、拆迁等问题由项目县(市、区、特区)政府解决。③就业政策。拓展扶贫生态移民就业途径，促进扶贫生态移民稳定就业。采取的主要措施包括对青壮年劳动力开展职业技术培训，为初中或高中毕业生提供当地职业院校三年免费职业技能教育培训，鼓励建设项目和园区、企业用工优先聘用扶贫生态移民，对于吸纳一定比例扶贫生态移民稳定就业的企业进行税收减免，对自主创业的移民提供各级创业优惠政策和金融扶持等。④产业政策。制定和完善相关扶持政策，依托城镇、工业园区，引导和扶持生态移民从事农产品加工、商品经营、餐饮、运输等二、三产业。⑤社会保障政策。扶贫生态移民搬迁后是否保留农村户籍或转为城镇居民尊重农民自愿。搬迁后转为城镇居民的，实行属地管理，与落户当地城镇居民享有同等的社会保障政策。搬迁后仍保留农村户籍的，扶贫生态移民在原住地享受的各项福利政策不变。对孤寡、智障等丧失劳动能力的，由当地政府统一集中供养，符合条件的扶贫生态移民(新建安置房不作为衡量条件)全部纳入低保。

2. 四川省成都市龙泉区大兰村生态移民

以明晰农村产权为核心，深入推进农村产权制度改革，四川省对大兰村农村土地承包经营权、农村集体建设用地使用权、农村房屋产权和集体林地使用权进行确权颁证，推动土地流转，促进农村土地资源转变为农村资本，实现了大幅增值。

同时，大兰村村民以现金 1.5 万元/人入股，成立成都大兰农民投资股份有限公司。在充分尊重股民意愿的基础上，引进民营企业、国有企业联合出资成立项目运作主体“大兰银河富民投资有限公司”，负责实施生态移民，保障移民进城后实现充分就业、充分安居、充分保障和可持续发展。

通过实施土地综合整治，启动城乡建设用地指标增减挂钩项目，对大兰村农用地统一经营、统一流转，发展现代农业，将建设用地置换到规划区内集中发展二、三产业。大兰村民分期分批迁入城市社区集中居住，由农民转变为城市居民。

四川省对生态移民战略合作企业制定了税收、土地资源配置等相关扶持政策，引导村企战略合作方与国有企业按比例出资成立公司作为项目运作主体。以政府资源和政策吸引市场主体和社会资本参与移民项目。同时，利用土地整理、增减挂钩等政策，通过宅基地整理和置换实现土地收益。

项目主体根据移民在住房区位、套数和户型上的意愿，按照人均 35 平方米标准为移民免费提供城区商品房现房。同时，按照“政府引导、市场调节、个人自主”原则和“就业培训提前开展、就业岗位提前保障、就业服务提前跟进”机制，出台企业优先聘用移民就业兴业的鼓励配套政策。

项目主体为移民办理了社会养老保险、医疗保险，实现充分社保；移民中的困难群体全部被纳入低保救助，实现应保尽保，并坚持农用地规模流转与大力发展特色产业，推动土地集中经营、项目集群布局、产业集约发展。

3. 湖北恩施州易地扶贫搬迁

湖北恩施州将易地扶贫搬迁和扶贫开发整村推进结合，尽量将扶贫搬迁项目安排到整村，整合资源，增加投入，实现居住条件、基础设施和产业发展同步改善。恩施州分别编制了《恩施州扶贫开发“十二五”发展规划》《易地扶贫搬迁规划(2011—2015)》及项目库。投入易地扶贫搬迁的资金主要是中央资金，省州配套很少，渠道主要有发展改革、扶贫、民宗和住建等部门。

恩施州的易地扶贫搬迁方式分为整体搬迁、依托城镇搬迁、分散插花搬迁三种。实际操作中以部分搬迁为主，整体搬迁为辅。安置类型以分散安置为主，由扶贫办具体实施，且多是村内安置，采取就近、后靠等方式，农户自行协调宅基地、责任地；少数集中安置点为示范点，在安置点周围辅以分散、插花安置。

搬迁对象以贫困户为主。搬迁对象必须是建档立卡的贫困户，坚持“户申请、村同意、乡审核、县备案”，对单亲户、残疾户、计划生育户重点扶持。搬迁顺序上，符合条件而且在规定时间内能完成搬迁要求的优先；搬迁积极性高、办法具体的优先；搬迁后对当地经济发展、生态保护和基础设施建设更为有利的优先。

扶贫生态移民集中安置、通过产业发展支撑就业是大势所趋，而专业机构是实现扶贫生态移民工程系统推进的有效办法；整合资金是确保涉农系统工程成效的关键；并且需要高度重视集中安置点土地性质及移民户房屋产权问题。

三、矿产开发与企业退出补偿

1. 保康县矿山生态补偿

为了有效治理矿山水土流失，进一步规范矿山开采，着力改善矿山生态环境，保康县在对全县矿山水土流失现状进行全面摸底调查的基础上，编制出了《矿山水土流失恢复治理规划》，并以此为依据测算、征收矿山水土流失防治费和水保设施补偿费。

凡在县境内开采磷、煤、硅、萤石、重晶石等矿产品的单位和个人均按吨位征收“水保两费”，每吨分别征收 5 元水土保持设施补偿费和 4 元的水土流失防治费。“水保两费”由财政部门以矿山专项税费票据一票征收，先交费后开采。收取的“水保两费”在财政预算外资金管理局设立资金专户，专户管理、专款专用；资金使用上，由县水务部门根据矿山水土流失治理的轻重缓急制订初步设计方案和年度实施计划，财政部门结合工程计划拿出年度资金计划。

为防止矿山企业只交费而在生产过程中随意扩大破坏面积，不注重水土保持的现象，实行“两个”锁定制度。一是锁定开采开挖的面积，二是锁定弃渣堆放场。同时，每年对锁定范围进行检查，对超过锁定范围，随意开采和随意倾倒弃渣者严惩重罚，直至停产整顿。

通过实施矿山生态补偿，一是逐步清偿历史留下的水土流失债务；二是生态补偿机制的建立，极大地调动了集体、个人治理水土流失的积极性；三是解决开发与保护的矛盾，理顺了两者的利益关系；四是化解了矿区群众与矿山业主的矛盾。

目前实施矿山生态补偿存在的主要问题有：①矿山企业所在地的基层政府组织没有参与。缺乏矿区乡镇政府和村委的参与，不利于政策的执行和监督。②收费实行“一刀切”有可能导致“劣币驱逐良币”现象。应该实行差别化政策，对环保措施到位、污染少的企业给予照顾，对污染重、环保投入少的企业可以加重。③预防监督缺乏详细的制度安排，并且没有吸纳第三方机构参与。

2. 汉川市矿山企业退出绿色机制

汉川市针对关闭、停产、转型矿山企业安全隐患多、用地效率低等问题，建立了“关停转”矿山企业退出绿色机制，为矿山企业退出市场搭建平台和通道。首先，汉川市在淘汰落后产能，注销矿山企业采矿许可证后，协调各乡镇政府、村组和矿山企业，组织土地整治的可行性调查论证，将矿区土地纳入项目建设库，全部复垦为耕地。其次，通过监管平台建立闲置消化通道。根据关闭、停产矿山企业的地理位置、占地面积和用地现状，制订土地收购储备计划。最后，通过“矿山复绿”平台建立生态重建通道。制订“矿山复绿”计划，综合分析“关停”矿山企业潜力，将矿区列入矿山地质环境恢复治理范围，争取省级专项资金实施生态重建工程。

3. 东莞市淘汰落后产业

2013 年，东莞市制定了《东莞市水乡特色发展经济区淘汰落后产能专项行动工作方案》，淘汰不符合国家、省市相关产业政策发展导向的落后行业、生产工艺和设备，涉及焦炭、水泥、造纸、制革、印染等 14 个落后产能行业。

东莞市成立了淘汰落后产能工作联席会议办公室，该办公室牵头淘汰落后产能工作开展，并负责统筹协调、督促、指导和考核工作。同时，提高产业淘汰标准，加快落后产能有序退出。一是严格按照要求淘汰产业政策淘汰类产能，对不按要求淘汰落后产能的企业，环保、国土、电力和工商等部门可以采取惩罚措施，如环保部门可以依法吊销排污许可证。二是对限制类产能提前淘汰，对不适应地区经济发展方向的行业，实施提前淘汰计划。三是严控新增产能，按照“产能等量置换”原则，在淘汰一批的基础上，再新上一批。在依法整治环保排放不达标企业的同时，加强对环境违法企业的监管与处罚力度，并依法关闭存在严重安全生产和消防隐患的企业。东莞市针对企业污染行为的惩罚措施见表 2-3。

表 2-3　　东莞市针对企业污染行为的惩罚措施

违法行为	惩罚措施
未经环境影响评价或达不到环境影响评价要求	取缔
逾期未完成限期治理任务的重污染企业	依法报请市政府责令其关闭
擅自增加污染工艺和增加排污量	依法对增设部分予以关停
无证排污	责令其立即停止排放污染物，逾期拒不停止排放污染物的，报请市政府责令其停产停业
存在严重安全生产和消防隐患且拒不整改	市安监、消防部门根据各自职能按照相关规定报请市政府责令其关闭

东莞市按照“政策引导、政府补偿、企业自愿退出”的思路，对高能耗、重污染、低效益企业退出进行补偿，包括重点支持购买产能、设备升级替换、小企业关停补贴等措施。东莞市鼓励企业实施节能环保技术改造，如对通过技术改造实现节能节水、减少排污或实现污染物零排放的企业，各有关单位在安排产业技术进步专项资金、节能与清洁生产专项资金、科技计划项目与科技研发资金等产业发展资金时，给予优先安排资金支持。东莞市还支持龙头企业通过市场化手段兼并重组落后产能企业，鼓励优势企业购买落后指标发展先进产能，扶持和培育优势企业，提高产业集中度，促进落后产能加快退出。

东莞市制定了 5 个步骤来落实工作方案。淘汰落后产能工作联席会议办公室负责统一部署，明确各部门责任，制定方案落实计划和政策；经信和生态环境部门主要负责调研。

四、流域水环境补偿

1. 新安江流域水环境补偿

新安江发源于安徽黄山休宁山间，总长 359 公里，其干流的 2/3 在安徽境内，下游是浙江重要的饮用水源地千岛湖。千岛湖入湖水量中有近 70%来自安徽，上游来水水质对千岛湖水质起着决定性的作用。新安江皖浙交界断面水体总氮、总磷指标值呈明显上升趋势，千岛湖水质富营养化趋势明显，为千岛湖的生态状况敲响了警钟。

新安江流域生态补偿的基本原则为“保护优先，合理补偿；保持水质，力争改善；地方为主，中央监管；监测为据，以补促治”。为了保障生态补偿的可持续实施，国家设立了新安江流域水环境补偿基金，其中每年中央财政出资3亿元，安徽、浙江两省各出资1亿元。

新安江流域生态补偿以《地表水环境质量标准》中的高锰酸盐指数、氨氮、总氮、总磷四项指标，即以省界国控街口断面的4项指标年平均浓度值为基本限值，同时综合考虑降雨径流等自然条件变化，确定水质稳定系数。当补偿指数大于1时，安徽省将1亿元全部拨付给浙江；当补偿指数小于等于1时，浙江将1亿元拨付给安徽。补偿资金主要采取项目运作方式实施，专项用于流域产业结构调整和布局优化、水环境保护和水污染防治、生态建设等方面。

为了保障新安江流域生态补偿，安徽与浙江建立了上下游互访协商机制，统筹推进全流域联防联控，合力治污。黄山市(安徽)和淳安县(浙江)建立联合监测、汛期联合打捞、联合执法、应急联动等机制，成立了地区联合环境执法小组。另外，安徽省在黄山市专门成立新安江流域生态补偿试点领导小组，专门设立了新安江流域生态保护局，开展定期会商。

生态补偿实施后，安徽利用补偿基金实现村级垃圾清洁全覆盖、重点河面打捞全覆盖、干流网箱退养全覆盖、河流综合治理全覆盖、流域采砂治理全覆盖、重要支流水草治理全覆盖。同时，推进了农业面源污染整治，整治规模化畜禽养殖场污染，开展规模化农业生产污染防治。推进工业企业转型和城乡污水处理能力提升。

新安江流域生态补偿的主要经验在于：①中央政府高度重视，专门拨付财政资金，主持制定《千岛湖及新安江上游流域水资源与生态环境保护综合规划》，地方政府积极性较大；②建立了省际相互协商与协调联动，省内流域水环境综合管理的管理体制以及以生态环境保护为目标的政府考评机制；③补偿资金用于水环境保护的项目，效果直接且明显。

但也存在一些问题，如①主要补偿的是水环境治理成本，由于生态保护而付出的发展成本并未得到补偿；②面源污染和工业污染的源头问题未彻底解决，进一步提升流域水质成本将比较高；③利益相关方参与生态补偿领域的选择、项目实施和资金使用过程的监督、生态补偿实施效果的评价等工作的程度不高。

2. 河南省内流域水环境补偿

河南省为了进一步推动水污染防治工作，保护和改善水环境，在环保部门的主导下，按照排污费征收与使用的模式，以河南省水系在各市、县的断面为虚拟排污口，实施水环境生态补偿。其遵循的生态补偿原则为："谁污染、谁补偿"和"谁保护、谁受益"。生态补偿考核因子定量为化学需氧量、氨氮和总磷。各地市应扣缴的生态补偿金由各考核监测断面的超标污染物通量与生态补偿标准确定。

在生态补偿资金的扣缴方面，河南省规定饮用水水源地水质考核断面全年达标率大于90%时，对下游省辖市扣缴水源地生态补偿金，全额补偿给上游饮用水水源地省辖市。

对于扣缴的生态补偿金部分扣缴金额用于上游省辖市对下游省辖市的生态补偿，部分扣缴金额用于对《河南省水环境功能区划》确定的水质目标完成情况较好的省辖市的奖励，每个地市根据实际情况确定的比例不一样。

河南省内流域水环境补偿将成熟的排污管理模式应用于流域生态补偿，部分实现了生态补偿的目标，达到了保护流域水环境、推进流域公平发展的目的。而且，该模式的实施主要依赖环保部门执行，不需要对现有流域管理体制作出较大变动，便于操作与实现既定目标。

河南省内流域水环境补偿存在的不足主要表现在：①出台的相关文件主要围绕生态补偿金的征收，而在补偿资金如何使用与管理方面显得不足。②由于缴纳和补偿的资金远小于防污治污成本与水生态服务功能价值之和，同时也未对资金的使用方向予以明确，资金使用随意性大，难以真正实现通过生态补偿促进流域水环境保护能力的提高。③主要是政府主导，市场的杠杆作用无法发挥。

3. 闽江、九龙江跨区市流域补偿

闽江是福建省最大的河流，流经福州、三明、南平、龙岩、泉州的36个县市区，全长577公里；九龙江是第二大河流，流经龙岩、漳州和厦门的13个县市区，全长285公里。两条江流域总面积74833平方公里，约占全省陆域面积的62.2%，流域经济总量约占全省的64.5%，流域人口约占全省的55.8%。其流域生态补偿的主要做法为：

一是省级层面统筹推动。福建省先后制定了《福建省闽江、九龙江流域水环境保护专项资金管理办法》《福建省重点流域水环境综合整治专项资金管理办法》，规范了生态补偿的形式和内容，对资金的分配方式、使用程序和扶持重点做了明确的规定。明确以省发改委、省财政厅、省环保厅三部门为主推进流域生态补偿工作。另外，省财政设立闽江、九龙江流域水环境保护专项资

金，作为生态补偿基金。

二是资金按因素法分配。一是固定因素，县(市、区)流域面积、重要生态功能区面积、水污染物总量控制目标(COD占总流域比例)、人口四项指标在流域范围内所占权重；二是水质交接断面目标考核(COD、氨氮等)；三是流域整治重点任务年度考核结果。三种因素所占比例约为3∶1∶6。

三是资金下达到具体项目。补偿资金主要通过"以奖代补方式"下达，重点用于流域的水环境综合整治工作。资金被分配到流域范围内县(市、区)后，县(市、区)再细化安排到水环境综合整治方面的项目。项目范围包括工业污染整治及防治、规模化畜禽养殖污染整治、饮用水源保护规划及整治等。闽江、九龙江流域生态补偿流程简明示意图见图2-1。

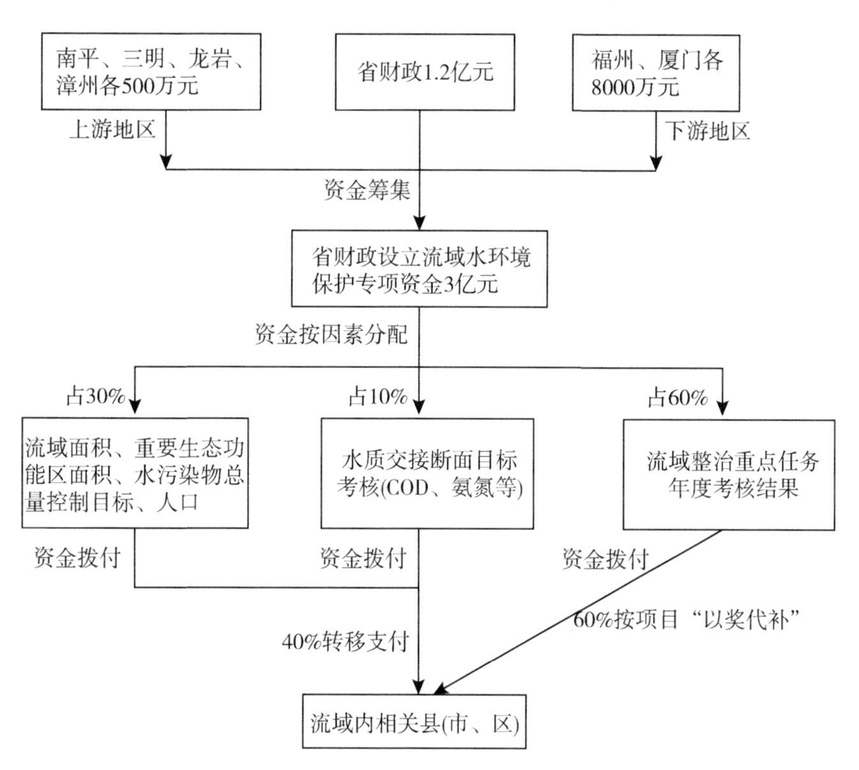

图2-1　闽江、九龙江流域生态补偿流程简明示意图

4. 晋江、洛阳江不跨区市流域补偿

晋江、洛阳江(简称"两江")为泉州市境内河流，以全省8%的水资源量支

撑了全省24%的经济总量。泉州市2005年启动两江上游水资源保护补偿工作，制定出台了《晋江、洛阳江上游水资源保护补偿专项资金管理规定》。根据规定，市财政每年安排补偿专项资金用于两江流域上游地区水资源保护补偿和扶贫开发。水资源保护补偿，由泉州市环保局、财政局牵头负责；扶贫开发，由市农办、财政局牵头。

另外，市级财政设立专项资金管理账户，专项资金由下游地区根据确定的水量(水利部门提供的上年度的供水量报表)比例来分摊，体现谁受益谁补偿，受益多补偿多的原则，如晋江市在晋江下游水量分配的比例是38.89%，该市在每年3亿元的流域补偿专项资金中应缴纳11667万元。

补偿资金的40%按因素切块，市里不确定具体项目，由上游县自主支配；60%以项目补助形式安排，主要用于纳入市级年度重点流域水环境综合整治计划的上游地区政府组织实施的环保基础设施建设、生态环境保护、饮用水源保护整治及面源污染治理、生态创建等水资源保护建设项目。

通过补偿资金的带动，补偿机制在水资源保护中的杠杆作用得到了充分发挥，确保了上游地区污水处理设施、垃圾填埋场等环保基础设施的建成投产，上游地区省控监测断面三类水质达标率持续保持100%，总体水质良好，基本达到了实施上下游补偿机制的预期效果。

第二节　国外流域生态补偿主要案例

在国外，没有“生态补偿”这一叫法，只有环境治理、生态保护等称谓，但其中包含我们所说的“生态补偿”的内容，所做的工作是一致的。欧美发达国家对流域生态补偿的实践和探索已有上百年，目前已基本成熟，由早期的政府主导型转变为现在的由政府牵头协调、市场化运作为主的操作模式，且被作为环境治理的一种重要途径，并涌现出一批典型案例。如易北河流域补偿、美国Catskills(卡茨基尔)流域补偿等，主要是横向补偿为主，下游发达地区补偿上游欠发达地区，以充分调动上游地区保护环境的积极性；资金筹集市场化、多元化。

一、易北河流域补偿模式

易北河为跨境流域，贯穿两个国家，上游在捷克，中下游在德国。德国和捷克通过协商，达成共同整治易北河的协议，成立双边合作组织，设置8个专业小组。在流域治理过程中，德国多方筹集资金和经费，来源主要有：财政贷款、研究津贴、排污费(居民和企业的排污费统一交给污水处理厂，污水处理厂按一定的比例保留一部分资金后上交国家环保部门)；下游对上游的经济补偿。在2000年，德国环保部拿出900万马克给捷克，用于建设捷克与德国交界的城市污水处理厂，并在易北河流域建立了7个国家公园，占地1500平方千米。经过一系列的整治，目前易北河上游的水质已基本达到饮用水标准，发挥了较好的经济效益和社会效益。

二、美国卡茨基尔流域补偿模式

纽约市每天消费40亿~50亿公升水，约90%的用水来自上游卡茨基尔和特拉华河。为保证流域的水质，纽约市政府决定通过投资购买上游卡茨基尔流域的生态环境服务。纽约水务局通过协商确定流域上下游水资源与水环境保护的责任与补偿标准，通过对水用户征收附加税、发行纽约市公债及信托基金等方式筹集补偿资金，补贴上游地区的环境保护主体，以激励他们采取有利于环境保护的生产方式来改善卡茨基尔流域的水质。

三、美国环境质量激励计划

美国环境质量激励计划是一个自愿参与的项目，它通过与农业生产者签订为期不超过十年的合同为其提供经济和技术援助。根据合同，该计划将提供经济援助，帮助规划和实施环境保护行动，以解决自然资源问题，并创造机会改善农业用地和非工业私人林地的土壤、水、植物、动物、空气和其他资源。另外，环境质量激励计划的目标之一是帮助农业生产者的生产符合联邦、州、部落和当地的环境法规。环境质量激励计划包括帮助农场主遵守环境法规的相关规定，并提供一系列政策和激励措施帮助农场采取环境友好型管理以达到要求的最低标准。

四、欧盟农业环境措施

欧盟农业环境措施是用于鼓励农民保护和提高农田环境的生态系统服务付费项目。在自愿的基础上，农民得到补偿作为他们提供生态服务的回报。他们与官方机构签订合同，并获得补偿以弥补他们因执行环保承诺而产生的额外费用和损失的收入，如农作物减产。欧盟农业环境措施旨在降低环境风险以及保护天然和人工地貌。该措施要求农民除了履行法律规定的义务和对环境基本的关心外，还应对保护环境做出更大的努力。欧盟农业环境措施涉及面广，方案多样，涵盖欧盟各个国家和地区的各种不同的环境问题。一些欧盟农业环境措施关注生产性土地管理，如降低投入(减少化肥和作物保护产品的使用、轮作、有机耕种、发展畜牧业、转变耕地为草地、套种、覆土作物、预防水土流失以及推迟具有生物多样性地区的收割时间)，保护遗传多样性，维护现有的可持续传统农业，保护农业景观和减少用水。

农业环境措施的设计只有符合国家、地区和当地水平，才能使得这些措施适用于特定的农业系统和具体的环境条件。因此，农业环境成为实现环境目标的有针对性的工具。根据农业环境方案，农民通常会签订五年的合同，每年按照土地面积(每公顷)获得补偿。每一项农业环境措施中赔偿额度的计算基于农民用于环境管理的额外费用，以及和参考状况相比，因不同的农业管理活动造成的收入差距。

这些计划已衍生出日益多样化和具体的措施和指标，进而促使欧盟制定了针对农业提供环境服务更加完善的政策工具。例如，欧盟成员国以高度灵活的方式落实了农业政策，以实现具体的环境目标，并使特设的农业环境方案与当地实际情况相适应。

农业环境措施由欧盟各成员国共同出资。2007—2013 年，欧盟用于农业环境措施的支出达 200 亿欧元，占农村发展支出的 22%。在 2003 年欧盟农业环境措施中期评估之后，农业环境年均补偿金额为每公顷 89 欧元(30~240 欧元不等)，有机农业年均赔偿金额为每公顷 186 欧元(40~440 欧元不等)。

最新的欧盟共同农业政策(2014—2020 年)获得了欧盟总预算下的两个关于农业和农村发展的基金对流域保护的资金支持。欧洲农业保障基金旨在为农民提供直接补偿，以回报他们提供的生态服务和农业市场管理。2014 年至 2020 年，欧盟将划拨 2520 亿欧元用于保护永久性草地、“生态聚焦区”和作物多样化。另一个基金为欧洲农村发展基金，该基金有六个优先发展的目标，包括修复、保护和改善农林生态系统，该基金尤其关注生物多样性、水资源和土地管理。2014 年至 2020 年，欧洲农村发展基金将投入其总预算的 1/3，即 950 亿欧元用于实现这些目标。

五、澳大利亚墨累-达令流域盐度管理

墨累-达令流域是澳大利亚的主要河系，流域面积约 106. 15 万平方千米，约占澳大利亚总面积的 14%，流经新南威尔士、昆士兰、南澳大利亚和维多利亚四州以及澳大利亚首都领地。它由澳大利亚境内三条最长的河流组成，对该国社会、文化、经济和环境有着重大的影响。墨累-达令流域 84%的土地用于发展农业经济，67%的流域面积用于种植庄稼和牧草。流域年均降水量约为

53.1 万 GL，其中 94%的降水蒸发或挥发，2%的降水渗入地表，4%的降水成为径流。

研究表明，在 20 世纪 80 年代中期墨累-达令流域内的 9.6 万公顷的灌溉地有明显的盐碱化现象，受高地下水位的影响，到 2015 年其灌溉面积将从 1985 年的 55.9 万公顷增加至 86.9 万公顷。某个跨政府部门的技术工作小组针对这些研究制定了盐度和排水策略。墨累-达令流域部级理事会采纳了此策略。

该策略明确了五个政府(联邦政府和流域内四个州政府)的权力和责任：①自 1988 年 1 月 1 日起，各州对其管辖范围内产生的严重影响河流盐度的行为负责。②行动的影响通过一套基准条件进行量化评估。基准条件为流域在 1988 年 1 月 1 日的即时状况，还包括 1988 年之前的各州所有的行动和义务。③联邦政府和新南威尔士州、维多利亚州和南澳大利亚州政府将共同承担将摩根地区的平均盐度降低至 80 电导度的任务，为此，新南威尔士州和维多利亚州将各获得 15 电导度的额度。摩根位于阿德莱德(南澳大利亚州的首府)的供水管道的上游，将其作为指标站点说明了河流盐度对系统内所有用水者的相对重要性。④除完成将盐度降低至 80 电导度的任务外，新南威尔士州、维多利亚州和南澳大利亚州还需执行盐度减低计划，将得到的额度用在可能导致河流盐度增加的后续行动上。⑤各州有权推进某些增加河流盐度的行动，前提条件是这些行动对河流盐度造成的影响不超过其盐度额度的平衡；⑥对各州的土地管理和发展规划由各州自行负责。

该策略的目标是：①提高墨累河的水质，为农业、环境、城镇、工业和休闲娱乐用水带来益处；②控制目前的土地退化，防止进一步的土地退化，恢复可能地区的土地资源，以保证墨累河和马兰比季河河谷资源的可持续利用；③保护河谷的自然环境和对盐度敏感的生态系统。

盐分阻止计划由联邦政府、新南威尔士州、维多利亚州和南澳大利亚州政府共同出资并均摊建设成本。但是该计划运作、维护和监管的成本由三个州政府共同承担。计划实施者须承担计划的建设及运作维护成本，方可获得相应的盐度额度。行动的实施、筹资和费用开支由各个州自行管理，但需将这些信息以及实施进度和绩效追踪向墨累-达令流域委员会及部级理事会汇报。

维多利亚州和新南威尔士州政府承担盐分阻止计划的费用，由此获得盐度额度，并将这些额度分配到获批的土地和水资源盐度管理计划中。然而根据“具体计划具体分析”准则，将由计划的受益人来进行盐分阻止计划的运作和维护。南澳大利亚州将其在共同任务中所获得的额度用于改善墨累河的盐度，这突出了真正降低墨累河盐度对于该州的重要性。这也表明南澳大利亚州将制订新的灌溉方案，以确保其能维持盐度平衡。

该策略的关键要素之一是评价能增加或降低河流盐度的工程或行动对墨累河水使用者所产生的经济影响，并根据约定将成本或收益分配至各州。

这些工程和行动范围广泛，包括基础设施和水管理措施。例如阻止含盐地下水流至河流的方案能降低盐分损耗，排水工程和将河流的盐水引出的决策能增加盐分损耗和灌溉地的管理，利用激光分级来提高灌溉效率、降低水渗和水利用，通过污水的再利用来降低盐分损耗。这些工程和行动中产生的盐分损耗是通过水资源模型来预测的。

降低盐度的信贷支持的主要用途是为灌溉区制订和实施土地和水管理计划，这些计划旨在在不危害墨累河的环境卫生的同时提高农业地区的可持续性。这些计划的制订充分考虑了灌溉区的农民和以下因素：地表排水、次地表排水、少灌溉渠中的渗流损失、农场污水再利用系统、地貌、有助于实施最佳管理办法的农场计划、通过抽水对地下水位的控制、改良的湿地水资源管理、树和根深植被的种植。

尽管该策略能使澳大利亚在未来十多年中降低河流的盐度，但是须注意到支流和灌溉排水的盐度普遍增加，以及流域内从河流引水的盐度也将增加。同时，其他举措使得州际水管理协议的范围扩大。2001 年各州达成了一个新的策略——“2001 年至 2005 年间流域盐度管理策略”。之所以需要制定新的策略是因为盐碱化将使农业生产水平显著降低，并对现有的基础设施、经济、社会和环境产生巨大的影响。据不完全统计，该影响将使澳大利亚在 100 年内每年损失 10 亿澳元。

该策略的重要特征在于它为 2015 年制定了盐度目标。每一条支流河谷均有一个盐度目标，即河水流出流域时的最大总盐度。为了使墨累河摩根地区的盐度在 95%的时间内维持在澳大利亚饮用水参考值以下，所有政府对于整个流域的盐度控制均有共同的目标。和之前的策略一样，盐度评价和监测通过校准的水资源模型获取。

六、澳大利亚马瑞巴农流域管理

马瑞巴农流域位于墨尔本市中心的西北部，总面积 1408 平方千米，其中 10%的面积保持着自然植被，80%的面积用于农业，10%的面积用于城市开发（仅限于流域内墨尔本及乡镇的扩张）。

墨尔本是澳大利亚维多利亚州的首府，是澳大利亚人口第二大城市（2010

年人口为408万)，城市群面积为9900平方千米。自2011年以来，墨尔本被评为全世界最宜居城市。政府由墨尔本市政府及30个市和郡政府组成。墨尔本地区的水和废水管理由墨尔本水务局负责。部分服务也是墨尔本地区30个地方政府合作开展的流域管理项目。该项目针对五个流域地区实施。

马瑞巴农河长160千米，是菲利普港和维斯顿波特地区的第二大河，发源于兰斯菲尔德附近的大分水岭的南部坡地。该流域内的河流和溪流均为深切河，水流量变化大，长期水流量低，水质差，缺乏河堤和水生环境。马瑞巴农河的上游支流起源于森林集水区，那里栖息着珍稀的动植物物种，包括鸭嘴兽。其他物种对当地社区也很重要，如猛禽、草地和土著伤疤树。该体系的河道健康面临的挑战包括集约用地(如城市化和农业)带来的影响等。

马瑞巴农流域下游河道对当地社区至关重要，因为该河道保留了原生植被，栖息着鸭嘴兽和咆哮草地蛙，突出了当地的环境特征。此外，当地居民尤其重视在河道地区开展娱乐活动，如划船、皮划艇、钓鱼、赛艇和骑自行车。改善该河道的现状是一个巨大的挑战。由于城市化、土地开发和大量土地开荒，河边的自然植被所剩无几，导致水质急剧下降。

墨尔本水务局负责管理菲利普港和维斯顿波特地区的河道，并代表当地社区保护和改善河道。该部门运营了一个很规范的网站，鼓励公众参与到河道保护的工作中来。墨尔本水务局在马瑞巴农流域开展的活动包括对陆上资源、雨水和环境流量进行管理和规划，负责监督河道水质并将河流健康状况上报。

河道修复和保护是通过采取预防性干预措施来实现的，包括洪水贮水池、生物渗透池、垃圾管理和河岸加固，以此来保护河道及其周边的健康。城市开发给河道及其环境和社会价值带来了极大的威胁。更为频繁的城市雨水和雨量的增加都导致了河流侵蚀和随后发生的产沙。另外，雨水中含有大量污染物，会进一步使河道健康恶化。

河流、溪流及其河岸带、邻近的泛滥平原和湿地是各种动植物的栖息地。这些栖息地是本土动植物的重要庇护所，尤其是在高度发达地区。保护和改善河岸栖息地是排水系统设计和铺设的关键目标。

加固河床和河岸可减少河岸腐蚀，使河水浑浊度降至最低，避免河道植被的窒息和降低输沙量，从而降低水流量增加和河岸植被破坏带来的影响。河岸腐蚀会破坏邻近草地的现存本土植被，威胁桥梁和道路等公共设施。墨尔本水务局通过采取就地措施，如水敏性城市设计项目，来减少城镇化的影响。同时，如有必要该部门也会采取直接的干预措施。

原生植被管理有利于维持河道健康，提高环境景观和毗连地的美化价值。

在进行水文管理和植被管理时，也需保护河道生态系统，预防或降低洪涝灾害。

在设计排水和河道结构时，要保留历史韵味，将当地社区和景观与生活经验相结合，以此来保护文化遗产。规划和管理河道交叉口时，应确保人和家禽能安全通过交叉口，确保其对周边设施不产生不利的水文影响，确保其对环境(包括鱼类洄游)不产生任何负面影响，将其造成的影响最小化。提高河道走廊及其相关的公用空地的价值，改善环境景观、视觉特征和美化价值，保护动植物价值，为当地居民创造娱乐的机会。如有可能，可将河道、管道、滞洪区和相关保护区开发为共享车道，供行人和骑自行车的人通行。

流域内的土地开发活动需经当地政府评估和批准之后才能进行。如开发的土地涉及河道、排水和泛滥平原，则需经墨尔本水务局审核后再由当地政府审批。开发商在递交审核申请时，需向墨尔本水务局支付一定的费用，该费用用于审核规划，也有可能根据所在的区域用于资助雨水管理活动和流域管理活动。上缴的费用由墨尔本水务局进行管理和分配。住宅项目的开发商需上缴每公顷 2 万至 10 万澳元不等，而对于工业用地开发则需上缴更高的费用。对于必须铺设排水系统的地区(规划地区)，开发商上缴的费用将用于水文管理和水质管理。该项目方案的设计应符合防汛、水质和河道健康的标准。

除了从开发商那里获得一定的资金外，墨尔本水务局也会出资支持由当地政府、私人土地拥有者、学校和社区组织的活动，以实现改善河流健康的流域管理目标。当地政府获得资金支持后会开展一系列的活动，如提高和管理雨水水质、控制杂草、修建栅栏、制定和实施水资源管理规划等。特定区域的农村土地拥有者获得资助可以鼓励他们保持农场土地的肥沃，确保土地不流失至河道。水务局也出资支持志愿者和社区团体种植本土植物和控制杂草，并为他们提供受教育机会。

七、越南生态系统服务付费试点方案

像其他东南亚国家一样，在过去几十年中越南从国家指令性计划向市场自由化转变，经济取得快速发展。然而，经济高速发展的同时，生态环境也在恶化。城市化进程的加速和人口增长导致了自然资源的过度开采和退化。国际市场的融合也进一步加剧了竞争，对资源开发日趋增多进而加大了自然资源的压力。代表性的例子如化肥和农药的广泛应用加剧了水质的恶化。水土流失、森林滥伐和生物多样性丧失等环境问题也与土地退化有关。

越南为多山国家，对森林特别是覆盖农业和水电等重点领域的农村丘陵地区的森林提供的流域服务依赖性很强。越南政府高度重视林地保护，制定了“661 项目(No. 661/QD-TTg/1998 决议)”，提出 1998—2010 年森林覆盖面积要提高 500 万公顷。该项目采取激励机制，批准近 200 万丘陵承包家庭对已划定为保护和生产的森林区进行再造林(备注：所有林地为国有，承包给个人和团体使用和管理。在越南，森林分为特种用途林、保护林和生产林)。

尽管“661 项目”取得了不错的成效，但国家资金还不足以弥补土地承包商的机会成本。同时，该项目中，地权稳定性还不足以对农民产生激励作用。为此，越南政府于 2007 年颁布了“No. 380/QD-TTg/2008 决议”(简称“380 决议”)，承诺发展国家生态系统服务付费政策，并解决以上问题。该决议中包含与生态系统服务付费相关的法律、机制和融资指导方针，强调通过生态系统服务评估建立市场交易。该决议还强调探索可持续融资机制，实现森林保护的目标，要求山萝省和林同省在 2008—2010 年开展生态系统服务付费方案的试点工作。从该试点工作中获得经验后再对国家生态系统服务付费政策进行调整。

“380 决议”通过定义森林生态系统服务、支付生态系统服务费、合理付费、当事人责任和权利、运行机制(含支付计算方式、支付形式和期限)、执行机构职责等规定了生态系统服务付费国家法制框架的底线。该决议建议各级政府机构发挥重要作用来促进交易、鼓励采用基于服务提供者和用户(受益方)协商的支付方式，鼓励吸收那些表明正向“超政府性”多元化资源转变的外部资金(捐赠者和国际非政府组织)。

“308 决议”条款强制要求服务提供方和受益方均参与到方案实施中。第三条特别规定了水电、水利用和旅游实体为“支付方”，第二十条规定位于流域试点的组织、家庭、个人和村集体负责实施试点计划。“308 决议”也规定了具体利益相关方采取的税费方式的特定支付率。

另外，建立制度框架管理“380 决议”(见图 2-2)。例如，由越南农业和农村发展部牵头，会同其他部门如越南自然资源与环境部、越南计划投资部、越南财政部、越南信息通信部等，根据试点效果提出国家生态系统服务付费政策的最终建议。

由于试点工作的实施期限很短(仅两年)以及支付费用和制定的土地管理措施的优先性，因此很难做出评价。不过，“380 决议”仍然能够通过采取联合行动使开发问题与激励措施的使用相结合，进而促进森林流域服务可持续性。该方案提高了每户年均获得的支付额度(与过去“661 项目”制定的森林保护和管理激励额相比提高了四倍)。所选示范地点注重少数民族和妇女

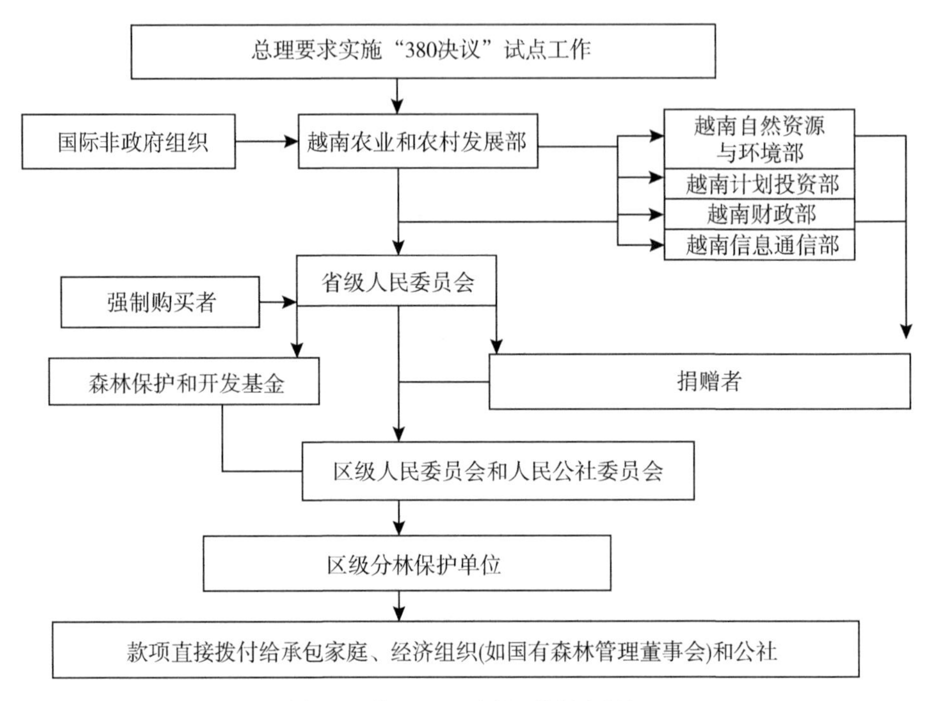

图 2-2　管理“380 决议”的制度框架

资料来源：Kolinjivadi，V. K.，T. Sunderland. A review of two payment schemes for watershed services from China and Vietnam：the interface of government control and PES theory[J]. Ecology and Society，2012，17(4)：10-20.

群体，使方案惠及他们。该方案还促进农民与民营企业之间签订了许多商业合同。新的市场机遇也得以与农林系统相结合。有关缓冲区的改进也可视为方案的附加收益。然而，试点工作的短期性决定了无法对以下问题进行评估：任何新成立的企业是否可以保持效益以及新机遇带来的民生收益是否能足够满足家庭需求。

一方面，考虑到越南高度限制土地使用权的状况，制定实施的制度结构很有必要，机构横向协作的要求对有效和高效地实施生态系统服务付费方案提出了很大挑战。另一方面，对森林状况阐述不清楚也带来了重大挑战。例如，由于森林实际面积与书面提到的面积有很大差别，因此很难准确确定某个特定所有者或承包家庭的所属林区，这就影响了方案的实施。所欠缺的森林状况文件若能得到改善对方案的有效实施具有重大的时间和成本意义。

第三节　生态补偿实践的主要特征及不同补偿模式的比较

一、国内外开展生态补偿实践的主要特征

通过对国内外生态补偿实践的分析，可以发现有以下几个特征：

第一，政府是现有生态补偿实践的设计者、主导者和协调者。目前，我国生态补偿实践中，省政府是最为主要的设计者、主导者和协调者。一方面是因为当前基本不涉及跨省生态补偿；另一方面是因为省级政府具有更加强大的技术支持和协调能力。

第二，现有流域生态补偿基本在本省内，不存在跨省补偿问题。当前的生态补偿通常发生在一省之内，如上下游之间、地级市与地级市或者县与县之间，基本不涉及跨省级补偿。

第三，实施生态补偿的流域通常较小，水系比较简单，补偿责任相对比较明确。

第四，开展生态补偿的流域中，下游地区的经济发展水平比上游相对发达，具有一定的支付能力。

二、不同补偿模式的比较

不同的流域生态补偿模式有着不同的特点和局限性，适用于不同条件的流域。通过前文对几种生态补偿模式的比较与探析，将其各自的特点总结如表2-4所示。

表2-4　不同流域生态补偿模式比较

补偿模式	补偿类型	运作模式	做　法
水源地生态补偿	政府为唯一主体	政府财政直接补偿	对水源地保护受益者收取补偿费用，通过政府财政划拨等形式筹集资金，以申请和项目批准形式开展水源地水质保护和促进保护区经济发展
生态搬迁补偿	政府主导	政府财政直接补偿	以政府为主导，居民自愿为原则，对生态保护区域居民进行搬迁和补偿；资金来源主要为财政拨款，部分地区引入市场机制参与搬迁补偿

续表

补偿模式	补偿类型	运作模式	做　法
矿企退出生态补偿	政府主导	征收生态补偿税补偿退出和减少排污者	征收生态补偿税费，限制污染物排放；制定企业退出机制，对退出排污和减少排污的企业进行补偿
流域水环境补偿	政府主导	排污许可证、流域断面考核与奖惩	以跨界断面水质目标为考核标准实施奖惩

第三章　长江黄柏河流域生态研究

第一节　研 究 背 景

黄柏河东支流域位于宜昌市远安县及夷陵区境内，全长 139.9 公里，流域面积 1164.8 平方公里。黄柏河东支干流上建有玄庙观、天福庙、西北口、尚家河四座水利枢纽工程，通过东风渠总干渠向下游官庄水库补水，不仅为宜昌城区约 150 万居民提供生活用水和工业用水，还承担了东风渠灌区近百万亩农田的灌溉任务，是宜昌市名副其实的"生命之河"。1999 年宜昌市出台了《黄柏河流域水资源保护管理办法》，将小溪塔蔡家河滚水坝以上的部分划为饮用水源地保护区，其中东支流域为一级保护区。

近年来，黄柏河东支流域社会经济发展迅速，人类活动强度不断增大，对黄柏河流域水生态和环境保护造成一定压力。首先，宜昌黄柏河东支流域上游是长江流域最大的磷矿基地，占全国资源储量的 15.1%。目前，黄柏河东支流域上游拥有磷矿开采企业 45 家，选矿企业 4 家，2013 年磷矿石产量达到 2552 万吨。其次，随着当地乡镇社会经济迅速发展，沿岸居民污染物排放量不断增加。最后，黄柏河东支流域沿岸居民凭借其自然资源，不断发展渔业、养殖业和休闲旅游业，改变了原有的收入结构和生产生活方式。

虽然宜昌市政府通过划定水源保护区、制定相关保护办法与规划、加强执法监督、建设防污治污设施、取缔投肥养殖、清理违规建设项目、关停或整改违规企业等方式积极保护这条"生命之河"，但磷矿开采、渔业、养殖业和高强度人类活动带来的大量点源和面源污染，使黄柏河东支流域水生态与环境恶化状况难以得到根本性控制，反而存在愈演愈烈的趋势。近年来，玄庙观、天福庙水库来水水质持续恶化，并导致 2013 年 5 月发生水华，为黄柏河流域水资源保护再一次敲响了警钟。

目前，黄柏河流域水资源保护中主要存在以下三方面的问题。

一、磷矿开采对黄柏河东支流域水环境破坏较大

首先，磷矿开采和施工期间不可避免会产生污水排放，即使是采取地下开采的方式，矿井井下涌水也会因炸药的使用而导致水质极度恶化，且难以通过单纯的絮凝沉淀工艺净化水质，对水环境造成污染；其次，大量磷矿企业在玄庙观、天福庙水库库区聚集，人口密度急遽增高，产生大量的生活污水，而集中式生活污水处理设施的缺乏，使得生活污水成为上游水源地的重要污染源之一；最后，磷矿企业违规堆弃矿渣现象普遍，且没有修建相应的挡渣墙、截排水沟等配套设施，导致降水期间矿渣被带入附近水域，形成污染。

二、流域经济发展与水资源保护矛盾较大

黄柏河东支流域是宜昌市划定的一级饮用水源地保护区，根据水功能区划的要求，其水质目标应在Ⅱ类。而根据《黄柏河流域水资源保护管理办法》，一级保护区内禁止与供水和保护水源无关的建设项目，禁止向水体排放污水，禁止在保护范围内建设养殖场和堆放垃圾。与此同时，流域内存在着丰富的磷矿资源、水土资源、森林资源、休闲旅游资源等，而这一区域长期以来都是社会经济比较落后的区域，因此地方政府和当地居民存在极大的发展经济的积极性。在现有发展模式下，流域经济的发展往往是以牺牲资源与环境为代价的，因此，黄柏河东支流域水资源保护存在巨大压力，与流域社会经济发展矛盾较大。

三、流域地方乡镇管理缺位，流域综合管理能力有待提高

拥有大量磷矿企业的樟村坪镇政府与本地矿产企业利益方向一致，对本地排污企业监管积极性不太高，导致对磷矿企业污水直排、矿渣堆弃等违规行为监督管理不够。西北口水库库区通过养殖业、休闲旅游业发展地方经济，而水资源保护无疑会限制其产业发展，因此，在责任与收益不对称的情况下，地方乡镇政府保护水资源的积极性也不高。

与此相对应的是，流域水资源保护的责任大部分依赖黄柏河流域管理局来履行。但黄柏河流域管理局主要负责流域水利工程的管理，并未被授予对流域内涉水事务进行全方位管理的权力，这影响了流域管理局履行职责的能力。而新成立的流域综合执法局因涉及的执法管理权力原为其他部门所有，短期内较难实现预期目标。

可见，黄柏河东支流域水资源保护管理的核心问题在于缺乏长效保护机制导致磷矿企业自律不足，水资源保护与流域社会经济发展矛盾较大，各级地方政府监督管理积极性不高，以及流域综合管理能力薄弱。其主要表现在：(1)由于未建立磷矿企业和地方乡镇开展水环境保护的补偿和惩罚机制，上游玄庙观、天福庙库区磷矿开采造成的水环境负效应(或外部不经济性)由下游承担其成本，企业和地方政府不会自觉履行保护水资源的社会责任；(2)没有对水源地保护行为予以补偿的机制，导致水源地保护带来的水环境正效应(或外部经济性)由下游灌区和城区享受其收益，进而导致区域发展日益不均衡，流域社会经济发展与水资源保护矛盾日益凸显，地方履行水资源保护责任的积极性不高。

因此，要破解黄柏河流域水资源保护管理的困局，从根本上控制流域性水环境恶化趋势，就需要建立长效保护机制，通过开展流域生态补偿，调整企业、各级地方政府、流域管理机构的利益结构、责权关系，以及职能定位，落实与强化流域综合管理，让水环境破坏行为承担必要的成本，让保护行为获得充分的收益，控制磷矿企业的盲目扩大，杜绝磷矿企业的矿渣违规堆弃和污染排放，提高沿岸乡镇政府水资源保护监督管理的能力与积极性，实现污染源头有效控制，流域污染有效治理，进而实现流域水环境全面改善。

第二节　黄柏河流域水环境现状

一、流域水质特征及水污染现状分析

1. 水质特征

(1)东支干流总体水质特征

近年来，随着黄柏河流域经济社会不断发展，尤其是东支上游磷矿资源被大幅度开发利用，加之流域沿途乡镇各类生产经营活动产生的污水、生活垃圾、农村面源污染等因素的综合影响，流域水生态与环境污染逐渐加剧。

2013年，对黄柏河东支西北口水库以上14条支流进行拉网式调查发现，按照湖库水质标准(含总氮)评价，被调查的14条支流总氮指标全部为Ⅴ类至劣Ⅴ类。而根据《关于黄柏河水污染防治情况的报告》的数据，2014年黄柏河东支流域尚家河水库以上26个监测点中，水质达到地表水Ⅱ类及以上标准的

有4个，Ⅲ类标准的有13个，Ⅳ类标准的有9个。按照水源地一级保护区不低于Ⅱ类水质标准的要求，东支支流上游水质达标率仅为15.4%、入河(库)口水质达标率为50%。

总体来说，黄柏河水源地(东支)流域未达到水资源保护区水质标准，多数河段、水库水质超过Ⅱ类标准。按行政区划看，黄柏河水源地(东支)流域夷陵区境内水质优于远安县境内。因为远安县境内的玄庙观水库库区、天福庙水库库区是磷矿开采的主要区域，两座水库的汇入支流沿岸分布着大量磷矿开采厂矿。按流域来看，流域下游(西北口水库库区、尚家河水库库区)水质优于上游(玄庙观水库库区、天福庙水库库区)。

(2)玄庙观和天福庙入库支流水质特征

汇入玄庙观水库的支流主要有源头河、董家河、西汊河、栗林河、黄马河和黑沟，汇入天福庙水库的支流主要有晒旗河、桃郁河、神龙河和干沟河。

库区支流污染物浓度较高，基本上不符合水源地一级保护区水质标准要求。玄庙观和天福庙入库支流污染物浓度较高，导致水质较差。2013年对两座库区主要支流的拉网式调查发现，按河流型水质标准(不含总氮)评价，栗林河、西汊河、盐池河、董家河等4条支流超Ⅲ类指标，其中栗林河和西汊河从上游至入库口水质均为劣Ⅴ类，水质较差，超标项目为总磷，超标倍数为1.3~1.8；董家河水质从上游的Ⅱ类到入库口变为Ⅳ类，水质恶化趋势明显，超标项目为总磷；盐池河从上游的Ⅲ类到入库口为Ⅳ类，超标项目为总磷。按照湖库水质标准(含总氮)评价，两座水库主要入库支流总氮指标全部为Ⅴ类至劣Ⅴ类。总的来看，两座水库的主要支流水质基本上不符合水源地一级保护区水质标准要求。

河流污染物浓度具有季节性特征，在冬季和夏季容易出现极值。2014年度黄柏河流域水质监测记录显示，分别汇流入玄庙观水库和天福庙水库的栗林河和晒旗河，其高锰酸盐指数、五日生化需氧量的月度变化趋势呈现为冬季浓度最低，春夏升高的现象；氨氮、总磷的月度变化则出现冬季(2月份)和夏季(氨氮在6月份，总磷在8~9月份)两个最低值，主要由冬季企业生产活动减少、夏季暴雨径流量增大所致。而从3月份起所有污染物的浓度则出现明显的上升趋势。流域内其他河流水质指标的变化趋势与栗林河、晒旗河两大河流的入库口类似，河流的污染物浓度在季节特征上具有一致性。

库区多数河流上游水质较下游水质差。综合各项水质指标沿河流上下游的变化来看，高锰酸盐指数、五日生化需氧量、氨氮在河流上游水体中的浓度普遍高于下游水体。总磷在栗林河上游浓度均高于下游，在晒旗河则存在部分河段下游高于上游。①

玄庙观库区河流总磷含量比天福庙库区高。汇入玄庙观水库的支流主要有源头河、董家河、西汉河、栗林河、黄马河和黑沟，年产生总磷共计 25.7 吨；汇入天福庙水库的支流主要有晒旗河、桃郁河、神龙河和干沟河，年产生总磷共计 1.5 吨。

(3)玄庙观和天福庙水库水质特征

根据 2014 年对玄庙观和天福庙水库高锰酸盐指数、五日生化需氧量、氨氮、总氮、总磷的监测结果可以看出，两水库的高锰酸盐指数没有明显的差异，除 2014 年 8 月份在两个水库的库尾含量略高于 4.0mg/L 外，其余观测值均低于 4.0mg/L，符合我国地表水环境质量Ⅰ～Ⅱ类标准。②

两座水库之间的五日生化需氧量同样没有明显的差异，除了夏季的 8 月份在两个库尾处出现 5.0mg/L 左右的浓度之外，其余观测值均维持在 2.0～3.5mg/L，符合地表水环境质量Ⅰ～Ⅲ类标准。

两座水库氨氮均表现出库尾浓度明显高于库首浓度的特征，而两座水库之间的浓度范围差异不明显，最高值均低于 0.5mg/L，符合地表水质量Ⅰ～Ⅱ类水标准。总氮的含量无论在两个水库之间，还是在库首与库尾之间，其差异都不甚明显。

总磷浓度表现为库尾高于库首，在冬季的 1—2 月份较低，在夏秋季的 7—9 月份除了个别的观测值为Ⅳ类水外，基本维持在Ⅲ类水标准；而 3—6 月份的浓度则相对较高，为Ⅴ类水甚至劣Ⅴ类水。

总的来看，两座水库水体的高锰酸盐指数、五日生化需氧量、氨氮浓度在 2014 年 1—10 月的月度观测中，均满足地表饮用水的水质要求。而总氮和总磷含量则没有达到饮用水源保护区的标准，部分月份甚至劣于Ⅴ类水质标准，这说明库区的主要污染物是总氮和总磷，且与大量磷矿开采企业分布于此区域相吻合。

2. 历史典型水污染事件

(1)2006 年 8 月水污染事件

2006 年 8 月，黄柏河干流晓溪塔段出现了大量的水葫芦，在短短的两三个月里，溯水而上，以惊人的速度蔓延，11 月数量呈几何增长至约 75 万平方米。葛洲坝蓄水以后，受长江回水顶托，黄柏河库湾水流流速减缓，呈现湖库

① 资料来源：《黄柏河东支流域磷污染治理初步方案》。
② 资料来源：《黄柏河东支流域磷污染治理初步方案》。

水文特征。水流流速变缓使上游输入的氮、磷等污染物在此沉降，经过较长时间累积，底泥中氮、磷含量远高于水体中氮、磷含量。库区放水时，一部分底泥在水流冲刷作用下进入长江，导致长江水质进一步恶化；蓄水时，在水流扰动作用下，底泥中的氮、磷等污染物又回到河水中。底泥释放的氮、磷加上上游点源及面源输入的氮、磷污染物，使黄柏河库湾逐渐富营养化，在遇到适宜光照、温度、风速等因子的情况下爆发水华事件。

(2)2013 年 5 月水污染事件

2013 年 5 月 20—21 日天福庙水库和玄庙观水库首次发生水华，水体呈红褐色至褐色，并有一层水膜，有藻腥味。此次水华发生的直接原因是库区水体营养化。根据水质监测分析，玄庙观、天福庙两座水库水体总氮超Ⅲ类标准，总磷达到Ⅲ类标准临界值，水体为中度营养化。由于河流下游紧邻水库，被污染的河水不断注入，导致水库营养物质不断富集，在适宜的水温、光照条件下，水体藻类大量繁殖而产生水华。具体成因主要有三个方面：首先，点、面源营养盐的输入。特别是来源于磷矿点源中的 TP 排放，极大地改变了玄庙观和天福庙水库中氮和磷的比例关系以及水库 TP 浓度。其次，水库中底泥累积污染物。最后是外界条件，库区水动力条件、气象、光照条件适宜的情况下，即爆发水华。

二、黄柏河水源地流域污染源分析

1. 矿产企业点源污染

(1)矿产企业污染来源

目前，黄柏河水源地(东支)流域共有磷矿开采企业 44 家，金矿开采企业 1 家，另有选矿企业 4 家，其污染源的表现形式如下。

矿井井下涌水污染源。黄柏河水源地(东支)流域磷矿开采企业均采取地下深部开采的形式，单矿开采规模达到百万吨甚至几百万吨，矿井井下涌水排量相当大。由于生产区位于山区，可利用的建筑用地少，同时先进处理工艺和设施对投资要求较高，制约了矿井涌水的处理效果。目前，各磷矿的涌水处理仅仅采用絮凝沉淀方法进行颗粒物的去除，而受限于水力停留时间较短，处理后的排放水中颗粒态磷排放量仍旧比较高，同时溶解态磷并没有得到有效的控制。此外，仍有大量磷矿企业对涌水不经处理进行直排。①

① 资料来源：《黄柏河东支流域磷污染治理初步方案》。

矿渣堆场污染源。黄柏河水源地(东支)流域现有矿区均沿着峡谷走向分布，大部分企业的矿石和尾矿从主平硐出来后直接沿河堆放。矿山开采产生的废石、尾矿堆场占用大量土地且露天堆放；有的企业虽然修建了尾矿堆场，但均无遮盖设施，场地也未做任何防渗处理。流域内矿渣堆场大多没有采取水土流失保护及环境治理措施，致使下雨期间矿渣直接被携带进入河道，造成河道水体悬浮物、总磷等污染物指标超标严重。

选矿厂污染源。黄柏河水源地(东支)流域选矿厂分别是鑫宁选矿、宝石山选矿、宜化花果树选矿和中孚丁东选矿，四家选矿企业均为开放式厂区。除中孚丁东选矿自建有污水处理设施外，其余选矿厂均只有简易截污沟和废水沉淀池。① 所有选矿厂区内尾矿堆场占用大量土地且露天堆放，均粉尘满地，矿粉及尾矿经过风吹雨淋，发生氧化、分解，有害物质在径流携带作用下进入水体和土壤，甚至渗入地下含水层，带来严重危害。

矿区生活污水污染。近年来，随着矿产资源开发力度的加大，矿山企业从业人员不断增加，仅黄柏河源头管家河流域内矿山开采企业从业人数就将近2000人。这些企业生活区临河而建，仅有少量企业生活区安装了生活污水微动力处置装置，绝大部分生活污水被直接排入水体。

(2)污染源分布情况分析

据统计，截至2014年黄柏河水源地(东支)流域取得磷矿开采权的企业有44家，其中34家位于夷陵区樟村坪镇，10家位于远安县荷花镇。夷陵区樟村坪镇34家采矿企业设计规模达到1272万吨/年，2011年实际生产规模为649.7万吨；远安县荷花镇10家磷矿企业设计规模为410万吨/年，2011年实际生产规模为322.2万吨(见图3-1)。另外，黄柏河东支流域开办金矿开采企业1家，位于夷陵区雾渡河镇，设计规模10万吨/年。

从企业的生产规模和实际产量分析可得，矿产企业污染的主要来源为位于樟村坪镇的磷矿企业，其污染物排放为位于荷花镇磷矿企业的1倍多。

另外，流域内4家选矿企业皆位于夷陵区樟村坪镇，其中宜化花果树选矿和宝石山选矿位于栗林河流域，鑫宁选矿和中孚丁东选矿位于晒旗河流域，4家企业年选矿规模为340万吨。

通过对44家磷矿企业按设计规模进行排位分析发现，设计规模小于30万吨/年的企业为28家，产量合计459万吨/年，仅占总产量的27%。剩余的16家企业，产量合计1223万吨，占总产量的73%(见表3-1)。

---

① 资料来源：《黄柏河东支流域磷矿开采对水环境的影响及建议》。

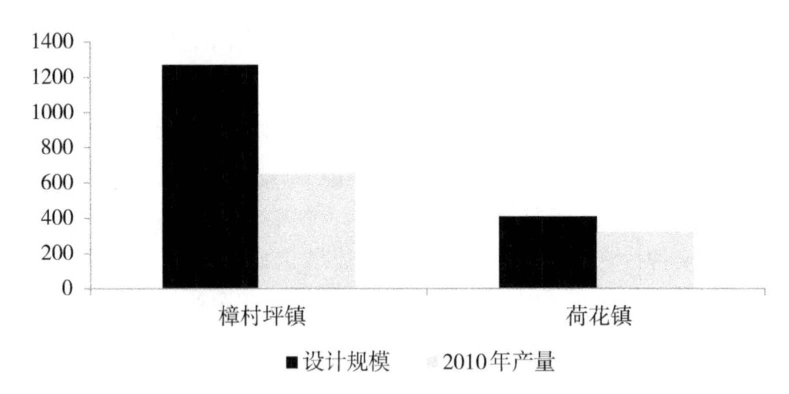

图 3-1　黄柏河水源地(东支)流域磷矿企业开采量(万吨/年)

分析可知，未来可通过鼓励 30 万吨/年以下产量的磷矿企业退出以减少约64%的排污口数量，且仅减少磷矿总产量的 27%。

表 3-1　**企业规模与产量关系表**

企业规模(万吨/年)	企业数量(个)	总产量(万吨/年)	产量占百分比(%)
小于 30	28	459	27
38~80	11	648	39
大于 100	5	575	34
合计	44	1682	100

2. 规模化养殖点源污染

黄柏河水源地(东支)流域西北口水库以上流域内共有规模化养猪场 8 家，年出栏生猪 3600 头；规模化养鸡场 5 家，年出栏鸡 60000 只。① 只有少部分养猪场修建了沼气池，猪粪、猪尿收集入池，用作农家肥，养鸡场的鸡粪经混合粉干后用作肥料。调查中对荷花店村段家冲一处养猪场直排的污水进行取样分析，发现养猪场废水高锰酸盐指数、总氮和总磷分别超Ⅲ类水质 20.7 倍、14.2 倍及 51.8 倍。

① 资料来源：《关于黄柏河东支流域天福庙及玄庙观水库水华事件的调查报告》。

3. 农家乐点源污染

西北口水库周边的农家乐产生的生活垃圾及废水也是污染源之一。近年来，西北口水库周边农家乐不断增多，给库区生态环境带来不小的挑战。由于缺乏统一的规划，农家乐没有污水处理设施，如杀鸡、杀鱼、刷锅等餐厨废水不经处理随意排放，产生的大量垃圾没有经处理而被到处倾倒，产生的大量生活污染直接威胁着水源地的安全。

4. 农业种植面源污染

流域内农业种植污染源主要为化肥和农药污染。黄柏河水源地(东支)流域西北口水库以上支流区域内共有5.63万亩耕地，主要种植水稻、玉米、小麦、马铃薯、蔬菜及经济作物核桃、茶叶。① 常用的化肥为尿素、碳铵和复合肥，亩均使用量为60公斤。农药使用量为杀虫类(杀虫双、敌敌畏等)300克/亩，杀菌类(稻瘟灵等)20克/亩，除草类(福土一号、毒辛等)200克/亩。

5. 生活垃圾面源污染

黄柏河水源地(东支)流域流经的远安县、夷陵区乡镇均没有建设生活垃圾、污水处理设施，生活垃圾被沿河堆存、倾倒，生活污水被直排河中，均对水体造成污染。2010年流域内生活垃圾日产量约625吨，而整个流域近30万人口的生产生活给水环境承载能力带来了巨大压力。②

另外，库区周边生活垃圾、固体废弃物、植物残体等的随意堆放同样带来严重污染问题。如黄柏河水源地(东支)流域西北口水库以上支流区域共有居民25870人，企业工人及管理人员近5000人，虽然各村在2013年修建了垃圾收集箱，对部分生活垃圾进行收集填埋，但仍有大量生活垃圾被沿河倾倒，尤其是以樟村坪镇栗林河段以及荷花镇黑沟段为甚。而天福庙库尾大量植物残体漂浮于水面或沉积于库底，由于矿化分解作用水体底部和沉积物局部缺氧，水质局部恶化，并释放出营养元素。

6. 农村生活污水面源污染

黄柏河水源地(东支)流域内所有人口聚居区均无污水处理设施，生活污

① 资料来源：《关于黄柏河东支流域天福庙及玄庙观水库水华事件的调查报告》。

② 资料来源：《黄柏河流域综合治理调研报告》。

水被直接排入河道、田地。另外，樟村坪集镇有近2200人生活，但未建污水处理站，生活污水被直接排入栗林河。而黄柏河水源地(东支)流域西北口水库以上支流区域的大量生活污水未经处理被直接排放到河沟或田地，加剧了河道水质的恶化。

7. 散养家畜面源污染

黄柏河水源地(东支)流域畜禽散养以家庭为主，常年牛存栏20254头，猪存栏139341头，山羊9478头。散养家禽排泄的粪便、尿液等污染物较少被集中处理，大量污染物随雨水流入河道，造成河流污染。

8. 水库与库湾内源污染

内源污染主要指流域内的水库、库湾等水体底泥中的氮、磷等污染物造成的污染。黄柏河水源地(东支)流域内内源污染区域主要包括黄柏河库湾、天福庙水库和玄庙观水库。

因为上游富含磷元素的颗粒物的大量输入和不断沉积，库区水库沉积物存在污染风险。由于水流流速变缓，上游输入的氮、磷等污染物在库区沉降，经过较长时间累积，底泥中氮、磷严重超标，加之上游持续有氮、磷污染物输入，使黄柏河库湾逐渐富营养化。

黄柏河水源地(东支)流域天福庙水库、玄庙观水库底泥总磷含量较高。天福庙水库库尾表层25cm的总磷含量高达3000~4000mg/kg(平均3477.3mg/kg)，比太湖(130~1700mg/kg)、巢湖(200~2500mg/kg)高，与滇池(430~4530mg/kg)较接近。底泥沉积物在一定条件下会将污染物(如总磷)再次释放，影响上层水体水质，即使在外源污染消减之后，水体仍然会处于富营养化状态，在遇到适宜光照、温度、风速等因素时就可能发生水华。另外，天福庙水库沉积物间隙水中的溶解态总磷浓度为0.335mg/L，远远高于同点位上覆水的0.025mg/L，同样是一个绝对不容忽视的内源污染。

三、黄柏河梯级水库污染入河量分析

黄柏河水源地(东支)流域共有4座水库，由源头至河口分别是玄庙观水库、天福庙水库、西北口水库和尚家河水库。其中，玄庙观水库和天福庙水库位于远安县荷花镇境内，西北口水库主体和尚家河水库北部位于夷陵区雾渡河镇境内，尚家河水库南部位于夷陵区分乡镇境内。玄庙观、天福庙和西北口三座水库汇入支流较多，具体支流名称及相关信息见表3-2。

表 3-2　　黄柏河水源地(东支)流域主要水库及所属支流相关信息

序号	水库名称	河流名称	所在行政区		河长(千米)	流域面积(千米^2)
			上游	下游		
1	玄庙观水库库区	源头河	樟村坪镇		27	51
2		董家河	樟村坪镇		11	35.5
3		西汊河	樟村坪镇		15.4	34.8
4		栗林河	樟村坪镇		17.8	63.9
5		黄马河	樟村坪镇		25.6	47.3
6		黑沟	荷花镇		11.5	36.4
7	天福庙水库库区	晒旗河	樟村坪镇	荷花镇	13.5	37
8		桃郁河	樟村坪镇	荷花镇	7.7	12
9		神龙河	樟村坪镇	荷花镇	10	62
10		干沟河	荷花镇		9.3	49
11	西北口水库库区	盐池河	雾渡河镇	荷花镇	12.8	30.5
12		淹伞溪	荷花镇	分乡镇	11.3	36.6
13		考成河	雾渡河镇		12.1	42
14		玉林溪	雾渡河镇		13	36.5

14 条支流当中，源头河、董家河、西汊河、栗林河、黄马河流经区域完全在樟村坪镇境内。黑沟和干沟河流域完全在远安县荷花镇境内。考成河流域全在雾渡河镇境内。另外，晒旗河、桃郁河和神龙河是樟村坪镇与荷花镇的跨界河，三条河流上游均位于樟村坪镇境内；盐池河是雾渡河镇与荷花镇的跨界河，上游位于夷陵区雾渡河镇；淹伞溪是荷花镇与分乡镇的跨界河，上游位于荷花镇。

1. 天福庙水库污染源情况

天福庙水库位于远安县荷花镇，坝址距河口 80 公里，是宜昌市城区和东风渠灌区的重要水源调蓄工程，年均为东风渠灌区、宜昌市城区供水 0.9 亿立方米。汇入天福庙水库的支流主要有晒旗河、桃郁河、神龙河和干沟河。流域范围内磷矿企业生产规模达到 477 万吨，职工人数为 1308 人，年产生氨氮 0.09 吨，总磷 0.23 吨；流域人口为 4508 人，生活污水年产生氨氮 0.15 吨，总氮 0.18 吨，总磷 0.13 吨；耕地 12131 亩，农业面源污染年产生 COD 12.12 吨，总氮 2.67 吨，总磷 1.14 吨。天福庙库区年产生总磷共计 1.5 吨，各污染源排放量和磷矿污染所占比例分别见表 3-3 和图 3-2。从图 3-2 可知，农业面源污染是库区磷污染的主要来源，其次是磷矿开采。

表 3-3　　**天福庙水库污染排放量汇总(t/a)**

<table>
<tr><td rowspan="2">点源</td><td colspan="2">企业规模(万吨)</td><td>职工人数</td><td>氨氮(t/a)</td><td>硝氮(t/a)</td><td colspan="4">总磷(t/a)</td></tr>
<tr><td colspan="2">477</td><td>1308</td><td>0.09</td><td>5.81</td><td colspan="4">0.23</td></tr>
<tr><td rowspan="6">面源</td><td rowspan="2">人口(人)</td><td rowspan="2">耕地面积(亩)</td><td rowspan="2">畜禽养殖规模(头，以猪计)</td><td colspan="6"></td></tr>
<tr><td colspan="2">生活污水(t/a)</td><td colspan="2">农业面源(t/a)</td><td colspan="2">畜禽养殖(t/a)</td></tr>
<tr><td rowspan="4">4508</td><td rowspan="4">12131</td><td rowspan="4">0</td><td>入河量</td><td>30275.72</td><td>COD</td><td>12.12</td><td>COD</td><td>0</td></tr>
<tr><td>氨氮入河量</td><td>0.1458727</td><td>总氮</td><td>2.67</td><td>氨氮</td><td>0</td></tr>
<tr><td>总氮入河量</td><td>0.1833409</td><td>总磷</td><td>1.14</td><td>总氮</td><td>0</td></tr>
<tr><td>总磷入河量</td><td>0.1264133</td><td></td><td></td><td>总磷</td><td>0</td></tr>
</table>

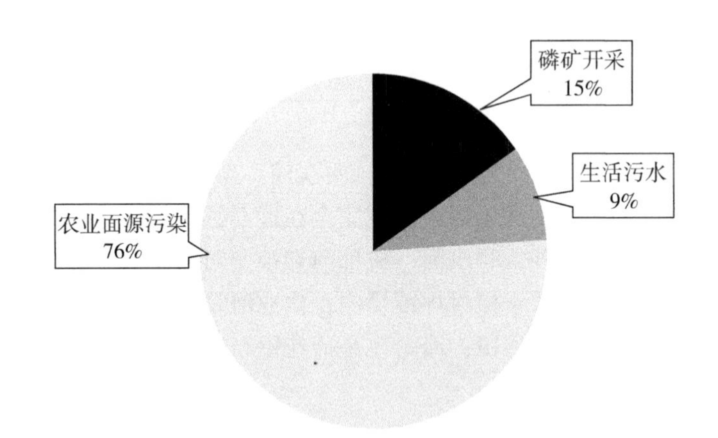

图 3-2　天福庙库区各污染源排放的总磷比重

2. 玄庙观水库污染源情况

玄庙观水利水电工程水库位于远安县荷花镇玄庙观村，大坝距远安县城 60 千米，距下游天福庙水库大坝 19 千米，距河口 110 千米。汇入玄庙观水库的支流主要有源头河、董家河、西汊河、栗林河、黄马河和黑沟。流域范围内磷矿企业生产规模达到1048万吨，职工人数为7417人，年产生氨氮2.27吨，总磷21.63吨；流域人口为21461人，生活污水年产生氨氮2.49吨，总氮3.11吨，总磷0.44吨；耕地74238亩，农业面源污染年产生COD 75.365吨，总氮11.37吨，总磷3.25吨；牲畜1254头(按猪计)，禽畜养殖年产生氨氮0.553吨，总氮1.187吨，总磷0.374吨。玄庙观库区年产生总磷共计25.7吨，各污染源排放量和磷矿污染所占比例分别见表3-4和图3-3。从图3-3可知，磷矿开采是库区磷污染的主要来源，其次是农业面源污染。

表3-4　**玄庙观水库污染排放量汇总(t/a)**

<table>
<tr><td rowspan="2">点源</td><td colspan="2">企业规模(万吨)</td><td>职工人数</td><td>氨氮(t/a)</td><td>硝氮(t/a)</td><td colspan="4">总磷(t/a)</td></tr>
<tr><td colspan="2">1048</td><td>7417</td><td>2.27</td><td>61.82</td><td colspan="4">21.63</td></tr>
<tr><td rowspan="6">面源</td><td rowspan="2">人口(人)</td><td rowspan="2">耕地面积(亩)</td><td rowspan="2">畜禽养殖规模(头，以猪计)</td><td colspan="6"></td></tr>
<tr><td colspan="2">生活污水(t/a)</td><td colspan="2">农业面源(t/a)</td><td colspan="2">畜禽养殖(t/a)</td></tr>
<tr><td rowspan="4">21461</td><td rowspan="4">74238</td><td rowspan="4">1254</td><td>入河量</td><td>173518.5</td><td>COD</td><td>75.365</td><td>COD</td><td>2.749</td></tr>
<tr><td>氨氮入河量</td><td>2.4885</td><td>总氮</td><td>11.369</td><td>氨氮</td><td>0.553</td></tr>
<tr><td>总氮入河量</td><td>3.1115</td><td>总磷</td><td>3.251</td><td>总氮</td><td>1.187</td></tr>
<tr><td>总磷入河量</td><td>0.4432</td><td></td><td></td><td>总磷</td><td>0.374</td></tr>
</table>

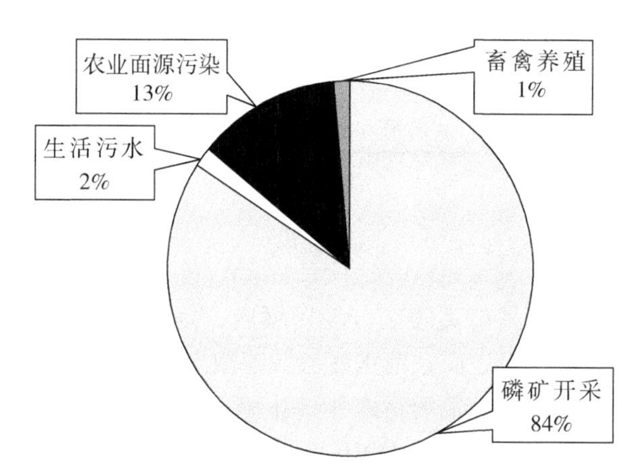

图3-3　玄庙观库区各污染源排放的总磷比重

3. 西北口水库污染源情况

西北口水库主体位于夷陵区雾渡河镇境内，水库大坝至上游天福庙水库26千米，下游至东风渠渠首工程尚家河水库9千米，距宜昌市中心城区65千米。汇入西北口水库的支流主要有盐池河、考成河、玉林溪和淹伞溪。流域范围内磷矿企业规模达到435万吨，职工人数为1550人，年产生氨氮4.27吨，总磷1.68吨；流域人口为10134人，生活污水年产生氨氮0.387吨，总磷0.282吨；牲畜1200头(以猪计)，禽畜养殖年产生氨氮0.33吨，总氮0.71吨，总磷0.22吨；耕地19023亩，农业面源污染年产生COD19.24吨，总氮3.55吨，总磷0.77吨。西北口库区年产生总磷共计2.95吨，各污染源排放量和磷矿污染所占比例分别见表3-5和图3-4。从图3-4可知，磷矿开采是库区磷污染的主要来源，其次是农业面源污染。

表3-5　**西北口水库污染排放量汇总(t/a)**

<table>
<tr><td rowspan="2">点源</td><td colspan="2">企业规模(万吨)</td><td>职工人数</td><td>氨氮(t/a)</td><td>硝氮(t/a)</td><td colspan="4">总磷(t/a)</td></tr>
<tr><td colspan="2">435</td><td>1550</td><td>4.27</td><td>13.5239</td><td colspan="4">1.68</td></tr>
<tr><td rowspan="6">面源</td><td rowspan="2">人口(人)</td><td rowspan="2">耕地面积(亩)</td><td rowspan="2">畜禽养殖规模(头，以猪计)</td><td colspan="6"></td></tr>
<tr><td colspan="2">生活污水(t/a)</td><td colspan="2">农业面源(t/a)</td><td colspan="2">畜禽养殖(t/a)</td></tr>
<tr><td rowspan="4">10134</td><td rowspan="4">19023</td><td rowspan="4">1200</td><td>入河量</td><td>76784.904</td><td>COD</td><td>19.24</td><td>COD</td><td>1.65</td></tr>
<tr><td>氨氮入河量</td><td>0.3871184</td><td>总氮</td><td>3.55</td><td>氨氮</td><td>0.33</td></tr>
<tr><td>总氮入河量</td><td>0.485148</td><td>总磷</td><td>0.77</td><td>总氮</td><td>0.71</td></tr>
<tr><td>总磷入河量</td><td>0.2821778</td><td></td><td></td><td>总磷</td><td>0.22</td></tr>
</table>

4. 尚家河水库污染源情况

尚家河水库位于宜昌市夷陵区分乡镇境内，是黄柏河水源地(东支)流域梯级开发群中的最后一级。尚家河水库流域范围内无磷矿企业，因此无点源污染。流域人口为10985人，生活污水年产生氨氮0.44吨，总磷0.3吨；耕地25436亩，农业面源污染年产生COD 25.14吨，总氮6.8吨，总磷0.82吨。尚家河库区年产生总磷共计1.12吨，各污染源排放量和磷矿污染所占比例分别见表3-6和图3-5。由图3-5可知，尚家河主要污染源为生活污水和农业面

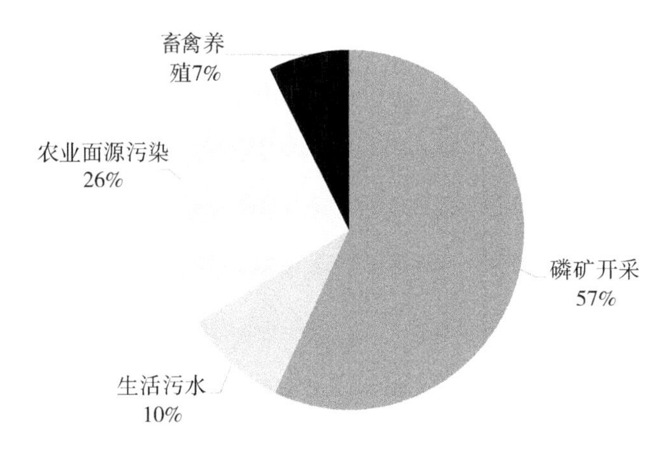

图 3-4　西北口库区各污染源排放的总磷比重

源污染，无磷矿开采污染源。

表 3-6　　尚家河水库现状污染排放量汇总(t/a)

<table>
<tr><td rowspan="2">点源</td><td colspan="2">企业规模(万吨)</td><td>职工人数</td><td>氨氮(t/a)</td><td>硝氮(t/a)</td><td colspan="4">总磷(t/a)</td></tr>
<tr><td colspan="2">0</td><td>0</td><td>0</td><td>0</td><td colspan="4">0</td></tr>
<tr><td rowspan="6">面源</td><td rowspan="2">人口(人)</td><td rowspan="2">耕地面积(亩)</td><td rowspan="2">畜禽养殖规模(头，以猪计)</td><td colspan="6"></td></tr>
<tr><td colspan="2">生活污水(t/a)</td><td colspan="2">农业面源(t/a)</td><td colspan="2">畜禽养殖(t/a)</td></tr>
<tr><td rowspan="4">10985</td><td rowspan="4">25436</td><td rowspan="4">0</td><td>入河量</td><td>320762</td><td>COD</td><td>25. 14</td><td>COD</td><td>0</td></tr>
<tr><td>氨氮入河量</td><td>0. 4426516</td><td>总氮</td><td>6. 8</td><td>氨氮</td><td>0</td></tr>
<tr><td>总氮入河量</td><td>0. 5533145</td><td>总磷</td><td>0. 82</td><td>总氮</td><td>0</td></tr>
<tr><td>总磷入河量</td><td>0. 3069692</td><td></td><td></td><td>总磷</td><td>0</td></tr>
</table>

5. 各库区污染源贡献分析

综上分析，可以发现黄柏河水源地(东支)流域污染主要来自磷矿开采企业。流域内磷污染年产生量为 31. 26 吨，其中磷矿开采污染比重达 75%，农业面源污染比重为 19%，生活污水污染比重为 4%，家禽养殖污染比重为 2%(见图 3-6)。

玄庙观库区是主要的磷污染源。从磷矿污染源分布来看，玄庙观库区产生

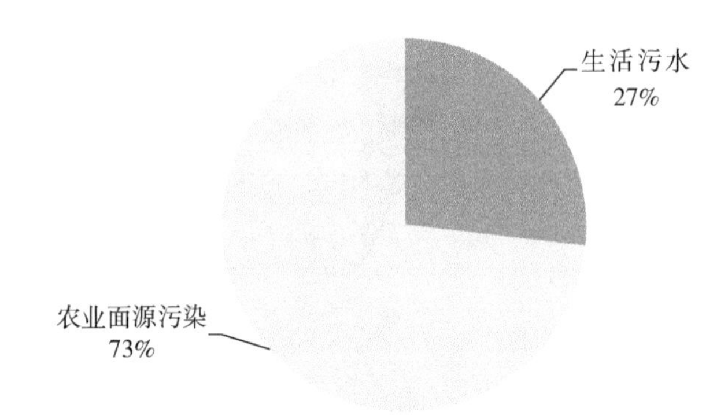

图 3-5　尚家河库区各污染源排放的总磷比重

了 82%的磷矿污染源；其次是西北口库区，达到 9%；天福庙库区和尚家河库区分别占 5%、4%(见图 3-7)。

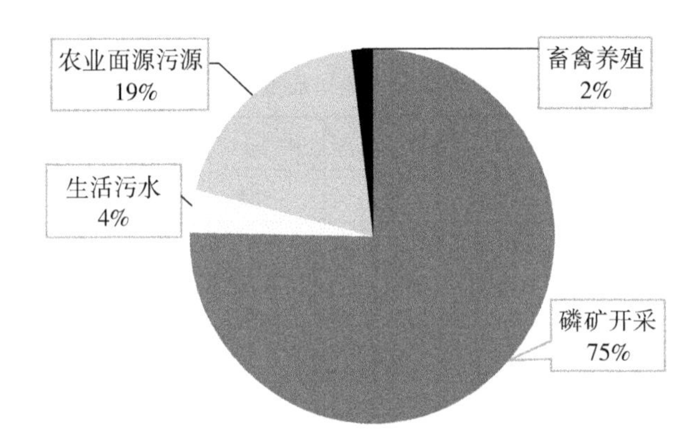

图 3-6　黄柏河东支流域各类污染源磷污染比重

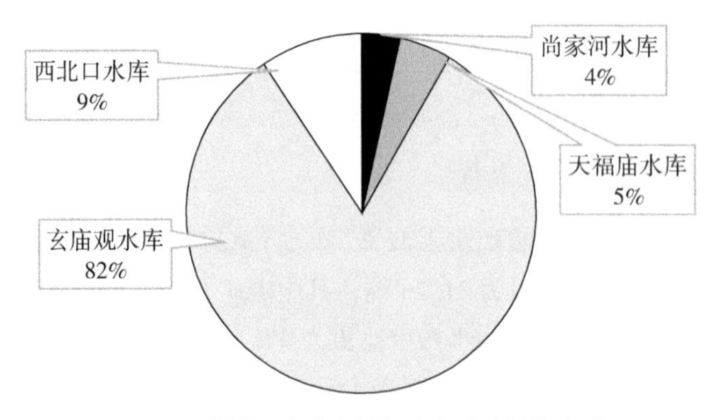

图 3-7　黄柏河东支流域各水库磷矿污染比重

四、水功能区及达标现状

1. 水功能区划变更情况

依据《水功能区划分技术大纲》的要求和黄柏河流域的现实情况，宜昌市1999年12月颁布的《宜昌市黄柏河流域水资源保护管理办法》规定：黄柏河流域小溪塔蔡家河滚水坝以上部分划为集中式生活饮用水源地保护区，其中自东支段发源地分水岭至两河口、两河口至汤渡河大坝承雨面积为一级保护区，其他承雨面积为二级保护区。

黄柏河流域水功能一级区划分如下：保护区2个，开发利用区1个；具体划分范围和目标水质见表3-7。

表3-7 **黄柏河流域水功能一级区划表**

流域	水资源利用分区	功能区名称	范围		水质目标	区划依据
			起始点	长度(千米)		
长江	黄柏河水系	东支源头水保护区	源头—两河口	130.4	GB3838—88标准Ⅱ类	主要供水水源地
		西支源头水保护区	源头—两河口	77.5	GB3838—88标准Ⅱ类	源头河段
		小溪塔开发利用区	两河口—夜明珠	31.6	按二级区划分类别执行相应标准	重要城市河段

根据一级区划分情况，结合现实水资源需求情况，黄柏河流域水功能二级区划分如下：饮用水源区1个，排污控制区1个，过渡区1个，具体功能区名称、划分范围、目标水质和区划依据见表3-8。

根据黄柏河流域水功能区划分，东支流域发源地分水岭至两河口、两河口至汤渡河大坝承雨面积为一级保护区，河流总长度为130.4千米；行政区划涉及夷陵区樟村坪镇、雾渡河镇、分乡镇和黄花镇，远安县荷花镇。按水功能区划规定，该区域为主要供水源地，水质目标为GB3838—88标准Ⅱ类。

表 3-8　**黄柏河流域水功能二级区划**

流域	水资源利用分区	功能区名称	范围			水质目标	区划依据
			起始断面	终止断面	长度(千米)		
长江	黄柏河流域	饮用水源区 工业用水区	汤渡河	鄢家河河口	20	GB3838—88标准Ⅱ类	城镇供水水源地
		排污控制区	鄢家河河口	冯家湾	14	GB3838—88标准Ⅲ类	主要纳污水体
		过渡区	冯家河	长江入口	4.6	GB3838—88标准Ⅲ类	上下游水质要求不同

2. 水功能区水质达标现状

根据《污水综合排放标准》(GB8978—96)的规定，排入《地表水环境质量标准》(GB3838—88)规定的Ⅲ类水域(划定的保护区和游泳区除外)的污水，执行一级标准；《地表水环境质量标准》中Ⅰ类、Ⅱ类和Ⅲ类水域中划定的保护区，禁止新建排污口，现有排污口应按水体功能要求，实行污染物总量控制，以保证受纳水体水质符合规定用途的水质标准。

按照水功能区划，黄柏河水源地(东支)流域一级保护区内目标水质为Ⅱ类，而黄柏河水源地(东支)流域水资源保护区的现状是，流域水质达不到Ⅱ类目标，同时，流域污染物已经超出水环境容量。按照Ⅱ类水质目标，目前黄柏河水源地(东支)流域上游主要支流除石门河以外，总磷均无剩余容量。按照Ⅲ类水质目标，西汊河、栗林河、丁家河、晒旗河、桃郁河、神龙河、盐池河等支流总磷仍然超过环境容量。

黄柏河水源地(东支)流域水质达不到水功能区标准的具体原因包括：

(1)磷矿开采排放大量污水。根据现有保护区的管理办法，黄柏河水源地保护区内不允许设置排污口。但是由于历史原因(磷矿企业入驻早于水源地保护区设置时间)，目前水源保护区内存在大量的磷矿开采企业，它们设置了大量的排污口，磷矿开采排放大量废水。

(2)磷矿开采超标排放污水。按照《污水综合排放标准》(GB8978—96)的规定，磷矿开采排污应执行一级标准，但实际上目前的排污远远低于一级标准。根据 2014 年对 53 家企业排污口中的 25 个进行的污水取样分析，所有排污口水样水质均不达标，主要超标项目为悬浮物、总磷。其中，明达矿业(采矿)排污口总氮超Ⅲ类水质3.34倍、总磷超标14.4倍，南沟磷矿(采矿)井下排水总磷超标20.2倍，宜化花果树选矿厂排污口总磷超标45.8倍。

(3)仅按浓度排放标准控制，没有考虑污水排放量大。目前，磷矿企业环评标准以浓度为指标，仅控制污染物浓度，而没有控制污染物入河总量，单个企业大量开采过程中排放的污水会造成河流的集中污染。根据中国科学院南京地理与湖泊研究所2014年的调查，2014年春节期间流域内磷矿开采企业虽然停工，但是并未停止矿井涌水排放，导致在此期间大量废水未经处理集中排放到河流中。正是春节磷矿区放假期间的无处理排放，导致玄庙观和天福庙两水库水体中磷的含量陡然升高。

(4)按单个企业进行审批，没有考虑整个流域的水环境容量，多个企业的排污已经造成累积效应。目前，流域内施行的是按照行业标准管理单个企业的排污水质，而忽视企业数量过多造成的累积效应，导致整体排污量超出流域的水环境容量。黄柏河东支流域磷矿采选企业众多，水体自身磷酸盐降解速率远小于企业排放废水所携带入水体的速率，即使所有的磷矿采选企业都按照现行的污水综合排放标准达标排放，也很难实现水环境总量控制的目标。

第三节　黄柏河流域保护现状与面临挑战

一、黄柏河流域保护工程措施

1. 水质监测站网建设

目前，黄柏河水源地(东支)干流共设置了6个水质断面监测点，黄柏河流域被分为城区段、夷陵区段和远安县段，城区、夷陵区和远安县分别分布有2个、3个和1个监测站点。

黄柏河水源地(东支)干流水质断面监测点中，天福庙水库水质监测断面可以总体反映上游磷矿开采和其他点面源污染情况，汤渡河断面可总体监测西北口水库、尚家河水库出库水质变化情况。各段监测点具体名称见表3-9，具体位置见图3-8和图3-9。

表 3-9 **黄柏河水源地(东支)干流水质监测点分布**

河段名称	监测断面个数	监测断面名称	监测频次
城区段	2	黄柏河大桥断面 平湖将军岩断面	每单月一次
夷陵区段	3	汤渡河断面 石碑滩断面 冯家湾断面	每单月一次
远安县段	1	天福庙水库断面	每月一次

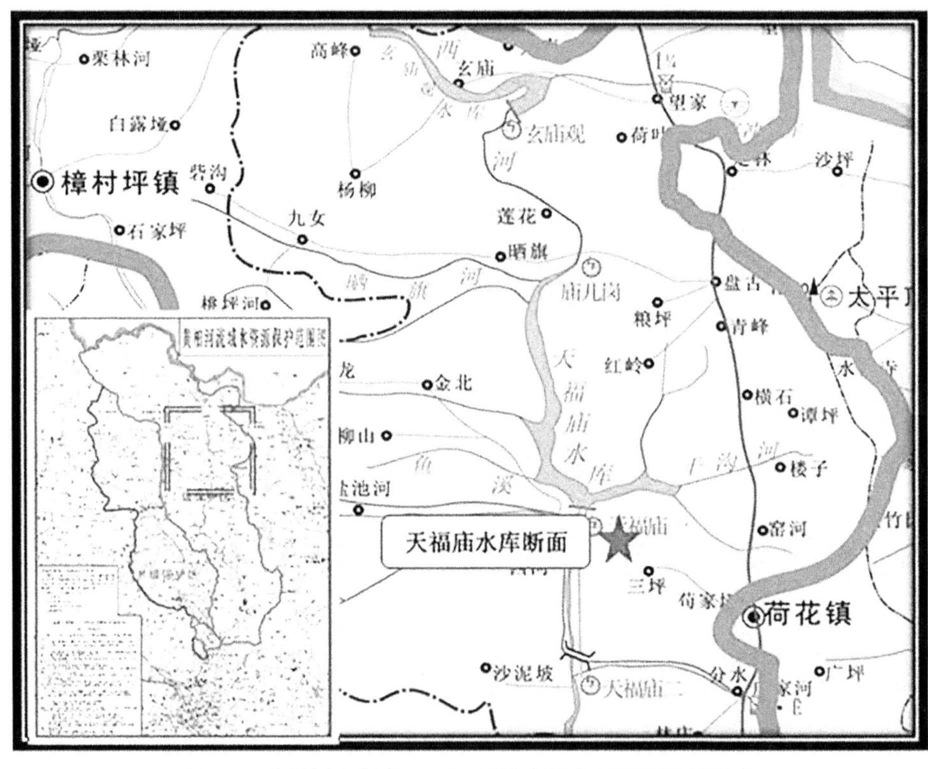

图 3-8 黄柏河水源地(东支)干流上游水质断面监测站点

各监测站点监测指标和监测频率有一定差异。远安县水质监测点(天福庙水库)监测频次为每月一次，监测指标包括 BOD、高锰酸盐指数、氨氮、矿化度和氟化物等 25 项；夷陵区三个监测点每单月进行一次监测，监测指标主要是 pH 值、高锰酸盐指数、COD、BOD、溶解氧、氨氮、石油类、氟化物、总磷、挥发酚、镉、汞、锗和铅等 26 项；城区平湖将军岩和黄柏河大桥监测点监测频次每单月进行一次，监测指标包括 pH 值、溶解氧、生化需氧量、粪大肠菌群、总氮、总磷、石油类、砷、铅、镉、汞和六价铬。

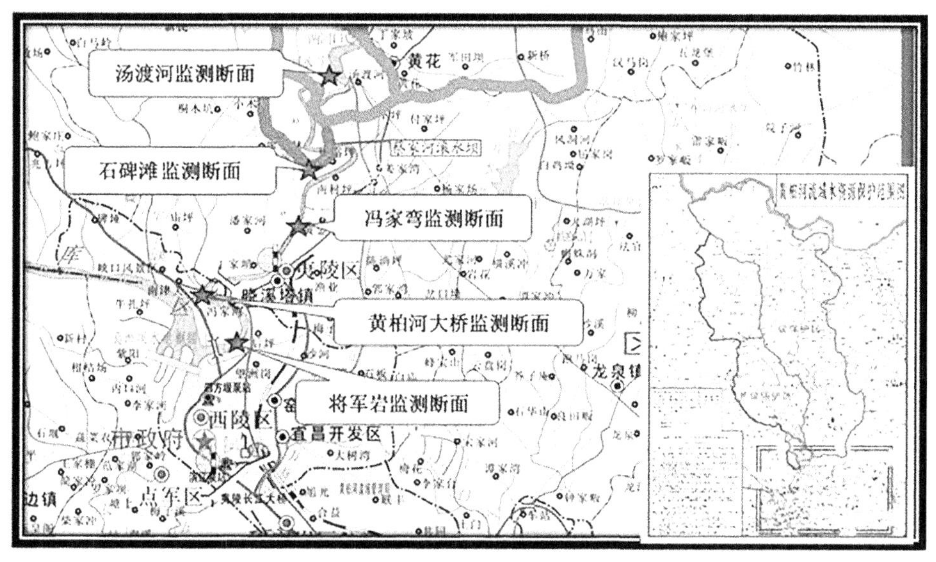

图 3-9　黄柏河水源地(东支)干流下游水质断面监测站点

宜昌市为监测磷矿开采对黄柏河流域水质污染的情况，分别在西北口水库以上源头河、董家河等 14 条支流的河源、河口布设了 28 个监测点(见图 3-10)。这 14 条支流分别汇入玄庙观、天福庙和西北口三座水库，行政区划上分属于夷陵区樟村坪镇、雾渡河镇及远安县荷花镇。但目前并未在这 28 个监测点设置固定的监测设备，是否定期取样监测需要进一步调查明确。14 条支流的 28 个监测点的监测项目为总磷、总氮、高锰酸指数、氨氮、铁、锰和悬浮物等 7 个指标。

黄柏河水源地(东支)中上游地区磷矿企业并未自主设置排污口监测设施，仅政府或研究机构因重大水污染事件调查的需要，对部分厂矿部分年份的排污口进行了污染物入河浓度监测。2013 年对夷陵区的华西矿业 652 平硐、明珠磷化 864 平硐、杉树垭矿业 710 平硐和中孚化工 736 平硐，开展了排污口监测。监测的项目包括 pH 值、COD、氨氮、悬浮物和总磷。同时，也对远安县的九女磷矿、金香磷矿、金沟磷矿和谢家坡磷矿等 22 个排污口开展了监测，监测项目包括废水排放量、化学需氧量、氨氮、悬浮物和磷酸盐。①

图 3-10　黄柏河水源地(东支)流域磷矿企业分布及监测点位

① 资料来源:《磷矿开采对黄柏河东支水环境的影响研究报告》。

2. 污水处理厂建设

黄柏河水源地(东支)流域主要污染源来自上游的磷矿开采区域，仅有磷矿开采企业的4个污水处理厂，污水处理能力不足。黄柏河水源地(东支)流域下游地区建有夷陵区和丁家坝两座生活污水处理厂；另外，人口聚集、厂矿企业较多的玄庙观水库、天福庙水库和西北口水库所在的污染源区域内，缺乏污水处理厂，大量生产、生活污水未经处理被直接排入黄柏河。

3. 磷矿企业净化处理设施建设

黄柏河水源地(东支)流域内几乎所有的矿山企业的生产废污水均未经处理或处理未达标而被直接排入河道。流域内的四家选矿企业均为开放式厂区，选矿产生的污水随雨水被直接排入附近河道。磷矿开采企业虽然不使用水，但开采过程中需要不断疏干排水，生产过程中大量炸药产生的污染物也随污水一起被排出，造成了被排放的水体总磷、总氮以及悬浮物均不达标。

另外，由于生产区位于山区，可利用的建筑用地少，同时先进处理工艺和设施对投资要求较高，制约了矿井涌水的处理效果。各磷矿的涌水处理仅仅采用絮凝沉淀方法进行颗粒物的去除，同时受限于水力停留时间较短，处理后的排放水中颗粒态磷排放量仍旧比较高，致使溶解态磷没有得到有效的控制。①

黄柏河水源地(东支)流域内随处可见在河道两侧堆砌的矿山弃渣，相当一部分没有建设规范的拦渣坝。随意倾倒和堆砌的渣土加剧了水土流失形成潜在的泥石流威胁，矿渣经雨水浸泡和冲刷后大量粉尘和溶解物进入水体，还加剧了河道水体污染。例如祥云矿区以及宜化苏家坡矿区分别在玄庙观和天福庙库尾堆砌大量矿渣从而直接侵占水库水域。

4. 集中式垃圾处理

黄柏河水源地(东支)流域的荷花镇和樟村坪镇的垃圾集中处理工作成效比较突出(见表3-10)。荷花镇的窑河村、谭坪村、青峰村的垃圾实现了统一焚烧、填埋；荷花店村设置了三十几个垃圾箱，4个大清洁池，对生活垃圾收集后进行集中填埋，部分偏远散户就地焚烧；盐池村对生活垃圾全部收集集中填埋。樟村坪镇的砦沟村、桃坪村已实现垃圾集中处理；黄马河村、古村村计划集中处理。另外，部分乡镇的垃圾实现了填埋和就地焚烧。樟村坪的羊角山

① 资料来源：《黄柏河东支流域磷污染治理初步方案》。

村、董家河村实行了垃圾填埋；荷花镇的西河村设置了垃圾收集箱，沿河村民的垃圾被集中收集填埋，其余就地焚烧。分乡镇界岭村150户集中处理填埋，其余就地焚烧。但是，荷花镇望家村(黑沟流域)生活垃圾被堆积在黑沟河岸，污染比较严重。

表3-10　**黄柏河水源地(东支)流域部分村庄垃圾处理方式情况**

水库	行政区	行政村	垃圾处理方式
玄庙观	樟村坪镇	黄马河村	计划集中处理
	樟村坪镇	古村村	计划集中处理
	樟村坪镇	羊角山村	垃圾填埋
	樟村坪镇	董家河村	垃圾填埋
	荷花镇	望家村	堆积岸边，污染严重
天福庙	荷花镇	窑河村	统一焚烧、填埋
	荷花镇	谭坪村	统一焚烧、填埋
	荷花镇	青峰村	统一焚烧、填埋
	樟村坪镇	桃坪村	集中处理
	樟村坪镇	砦沟村	集中处理
西北口	荷花镇	盐池村	集中填埋
	分乡镇	界岭村	150户实现集中处理填埋，其余就地焚烧
	荷花镇	荷花店村	设置了三十几个垃圾箱，4个大清洁池，对于生活垃圾收集后集中填埋，部分偏远散户就地焚烧
	荷花镇	西河村	设置垃圾收集箱，沿河村民的垃圾被集中收集填埋，其余就地焚烧

以上村庄的具体分布如下：位于天福庙水库库区的是荷花镇窑河村、谭坪村、青峰村，樟村坪镇砦沟村和桃坪村；位于西北口水库库区的是盐池村、西河村、界岭村和荷花店村；位于玄庙观水库库区的是黄马河村、古村、羊角山村、董家河村和望家村。

2013年实施的三峡库区黄柏河流域水资源保护示范区项目，设立了各类水资源保护示范区宣传、警示牌35块，建成垃圾回收站6座、移动垃圾箱2

个、化粪池 7 座、垃圾堆放池 2 处、码头 2 处，有效提高了流域防治污染能力。

5. 其他措施

为保护西北口水库优良水质和优越生态环境，确保宜昌市城区百万人口饮水安全和库区内行船安全，保护渔业资源，夷陵区发布了《关于取缔西北口水库水域网箱养殖及非法捕捞设施的通告》(以下简称《通告》)以及《西北口水库水域网箱养殖取缔工作实施方案》，对网箱养殖进行集中清理、取缔，规范水源地保护秩序。《通告》规定西北口水库水域范围内不得从事网箱渔业养殖、垂钓及非法捕捞活动(炸鱼、电捕、毒捕鱼)，并控制和规范农家乐发展。凡在库区水域内的所有网箱渔业养殖、非法捕捞设施必须自行拆除，对自行拆除网箱的业主支付拆除劳务费，过期未拆除的则按照漂浮垃圾予以清除。

二、黄柏河流域保护机构建设

黄柏河流域所采取的由单一区域管理向区域与流域管理相结合的水资源保护模式的发展分为如下三个阶段：

(1)1999—2002 年，宜昌市政府颁布《黄柏河流域水资源保护管理办法》，明确各部门根据其法定职责，相互协同，开展黄柏河流域水资源保护工作；该办法对于水利部门涉及水资源保护和环保部门涉及水污染防治的职责分别做出了明确规定，但对于如何开展协同和多部门合作并未明确具体方式。

(2)2003—2014 年，宜昌市水利局通过开展对市直水利工程管理单位改革，将西北口水库、天福庙水库、尚家河水库和玄庙观水库管理处进行撤销合并，组建了黄柏河流域管理局。这标志着在水利部门部分法定职能范围内，实现了四大水利工程所在流域范围的统一管理。

(3)2015 年以后，为解决黄柏河流域水资源保护多头执法、执法缺位方面的问题，宜昌市政府成立了黄柏河综合执法局，将各涉黄柏河流域水资源保护行政主管部门的行政处罚、监督检查等执法职能相对集中，统一由该机构行使。这标志着黄柏河流域水资源保护在处罚和执法方面实现了流域全面统一管理。

1. 区域管理机构设置

根据《黄柏河流域水资源保护管理办法》规定，宜昌市及黄柏河流域所在区县水行政主管部门，负责对黄柏河流域水资源保护实施监督管理；宜昌市及黄柏河流域所在区县环境保护行政主管部门，负责对黄柏河流域水污染防治实施监督管理；宜昌市及黄柏河流域所在区县的计划、规划、城建、土地管理、地矿、交通、公安、卫生、林业、农业等部门，以及流域内各水工程管理单位，应根据法定职责，协同做好黄柏河流域水资源的保护管理工作。

黄柏河流域水资源保护管理主要涉及水利、环保、国土、林业、渔业及海事几个部门，各主要部门机构设置情况及其涉水职能分别见表3-11和表3-12。

表3-11　　　　**黄柏河流域管理涉及单位组织结构概况**

部门	下属单位及科室	村镇站所	编制及人员构成
水利部门	办公室、人事科、规划财务科、行政审批科(政策法规科)、水资源科(市节约用水办公室)、建设管理与安全监督科、农村水利科、水库与水电科、水土保持科、直属机关党委办公室、监察室、离退休干部科、市防汛抗旱指挥部办公室、市水政监察支队(市河道采砂管理局、市水利规费管理站)、市河道堤防建设管理处、市水利水电工程质量与安全监督站、市水资源管理中心(市水资源调度中心)、市农村供水管理中心、市水利信息中心、市水利技术推广服务站(市水土保持监测站)		机关行政编制为30名(离退休干部工作人员编制3名)。其中：局长1名，副局长3名，总工程师1名；正科级领导职数11名(含直属机关党委专职副书记1名、离退休干部科科长1名)，副科级领导职数4名
环保局	内设机构：办公室(法制科)、规划与财务科、人事科(直属机关党委办公室与其合署办公)、污染物排放总量控制科、环境影响评价科(行政审批科)、污染防治科(科技与监测科)、自然生态与农村环境保护科、辐射环境管理科、纪检监察机构	局属机构：市环保监测站、市环境监察支队、市环境信息中心、市固体废物管理中心	

续表

部门	下属单位及科室	村镇站所	编制及人员构成
农业局	办公室、人事科、机关党办、科教科、法规科、信息科、外经科、经作科、种植业科、饲料办、项目科、市农安办、监察室、老干科、机关工会	局属机构：水产局、能源办、执法支队、农科院、植保站、土肥站、环保站、水产站、质检站、渔政处、监理所、农业生态站	市直农业系统在职干部职工 673 人，下辖 25 个事业单位，其中具有行政管理和执法职能的单位共 12 个
林业局	办公室、发展计划与资金管理科、造林绿化管理科(市绿化委员会办公室)、森林资源管理科、野生动植物保护与自然保护区管理科、科技教育科(林业产业科)、行政审批科(政策法规科)、人事科(直属机关党委办公室)		
国土局	办公室、政策法规与执法监督科、规划科、财务科、征地管理科、耕地保护科、地籍管理科、土地利用管理科、矿产资源储量管理科、矿产资源开发科、地质环境科、人事教育科、纪检监察室、机关党委	直属单位：市国土资源执法监察支队、市土地储备中心、市国土资源交易中心(市国土资源地价监测中心)、市土地整理中心、市地质环境监测站	局机关行政编制为 41 名，工勤人员事业编制 4 名。市所辖 9 个县市区国土资源局，88 个国土资源所，共有干部职工 985 人
海事局	局办公室、党群工作部、指挥中心(对内行使值班室职能)、监管处、长江水上政务中心、督察处、财务处、装备信息处	海事事务中心	

区域管理机构主要有水利水电局、环保局、农业局、林业局、国土资源局、海事部门和渔业部门，以上机构在水资源保护过程中涉及环境监测、行政审批、规划、行政处罚、执法与税费征收等职能。

环境监测。水利部门的监测职能包括监督最严格的水资源管理制度的实施、组织开展水功能区监测，指导跨行政区域水量水质监督、监测等。环保部

表 3-12　**黄柏河流域管理涉及单位的主要职能**

职能＼机构	水利	环保	农业	国土
环境监测	监督最严格的水资源管理制度的实施；负责水功能区管理，组织开展水功能区监测；负责取用水户信息管理，指导跨行政区域水量水质监督、监测	建立市级环境监测网络，组织实施全市环境质量监测、污染源监督性监测、环境调查评估、环境应急和预警监测		监管矿产资源勘查、开采活动
行政审批	组织地方性水法规和涉水性政府规章草案的调研、起草、协调和送审工作；负责市直有关部门起草或拟定法规、规章和规范性文件中涉水条款的协调工作	负责审核全市涉及增加主要污染物排放总量的建设项目的总量指标；负责污染源总量核定和重点区域、流域的环境容量确定；归口管理实施排污许可制度；负责各类环境影响评价报告文件的审批	对涉农规范性文件提出审核意见	承担全市矿业权申报和市级矿业权审批登记发证、矿产资源开发利用管理、矿产品运销管理及统计工作
规划	负责全市水利发展及战略规划；协调专业规划、专项规划、水利风景区规划编制；负责审核水域纳污能力，提出限制排污总量的意见；核定江河湖库纳污能力	制订全市污染物总量控制计划和减排方案；组织拟订水专项环境功能区划；组织拟订并监督实施重要饮用水水源地、重点流域和区域、地下水污染防治规划，指导和监督全市水环境质量、饮用水水源地保护工作	拟定水产渔业发展、水面开发、水生动植物资源开发利用和保护的规划、政策措施	组织起草矿产资源管理规范性文件草案

续表

职能＼机构	水利	环保	农业	国土
行政处罚	对未经批准擅自行动而对河流防洪造成影响、危害的行为，擅自取水或者未依照批准取水，未经批准擅自施工干扰河道管理的行为，对水库大坝安全管理造成影响的行为，不利于水土保持或造成水土流失的行为，违反河道采砂管理相关规定的行为进行相应处罚	对拆船污染环境，排污设施不达标，拒绝监督检查或弄虚作假，违法设置排污口或者私设暗管，在饮用水水源保护区内从事污染水源的行为，水污染事故预警、管理措施不合格，未取得或者不按照排污许可证规定排污，投肥(粪)养殖污染水体，擅自移动饮用水水源保护区地理界标、护栏围网和警示标志，畜禽规模养殖造成污染的行为进行行政处罚	对养殖珍珠、违法围栏围网养殖、破坏渔业资源的行为进行行政处罚	
执法与税费征收	负责城区水利综合执法工作，负责市级水资源费、水土保持补偿费等水利规费征收	负责征收排污费与超标排污费	查处重大渔业污染案件	负责矿产资源利用的日常巡查，查处违法案件；承担国土资源有偿使用的资金管理工作；依法承担国土资源专项收入征管相关工作；矿产资源补偿费征收管理

门主要负责建立市级环境监测网络，组织实施全市环境质量监测、污染源监督性监测、环境应急和预警监测。国土资源部门主要履行矿产资源勘查、开采活动监管职能。

行政审批。水利部门负责组织地方性水法规和涉水性政府规章草案的调研、起草、协调和送审工作；负责市直有关部门起草或拟定法规、规章和规范性文件中涉水条款的协调工作。环保部门负责污染源总量核定和重点区域、流域的环境容量确定，并审核全市涉及增加主要污染物排放总量的建设项目的总量指标；同时负责管理实施排污许可制度以及各类环境影响评价报告文件的审批。农业部门主要对涉农规范性文件提出审核意见。国土部门承担全市矿业权申报和市级矿业权审批登记发证工作。

规划。水利部门负责区域水利发展及战略规划，协调专业规划、专项规划、水利风景区规划编制；负责审核水域纳污能力，提出限制排污总量的意见，核定江河湖库纳污能力。环保局主要是组织拟订水专项环境功能区划，拟订并监督实施重要饮用水水源地、重点流域和区域、地下水污染防治规划；制订全市污染物总量控制计划和减排方案。农业局重点拟定水产渔业发展、水面开发、水生动植物资源开发利用和保护的规划、政策措施。

行政处罚。水利部门主要对未经批准而对河流防洪造成影响、危害的行为，擅自取水或者未依照批准取水的行为，未经批准擅自施工干扰河道管理的行为，对水库大坝安全管理造成影响的行为，不利于水土保持或造成水土流失的行为以及违反河道采砂管理相关规定的行为进行相应处罚。环保局则对以下行为进行行政处罚：拆船造成污染环境，拒绝监督检查或弄虚作假应付检查，排污设施不达标，违法设置排污口或者私设暗管，在饮用水水源保护区内从事污染水源的行为，水污染事故预警、管理措施不合格，未取得或者不按照排污许可证规定排污，投肥(粪)养殖污染水体，擅自移动饮用水水源保护区地理界标、护栏围网和警示标志以及畜禽规模养殖造成污染等。农业部门主要对养殖珍珠、违法围栏围网养殖、破坏渔业资源的行为进行行政处罚。

执法与税费征收。水利部门负责城区水利综合执法工作并负责市级水资源费、水土保持补偿费等水利规费征收。环保局主要负责征收排污费与超标排污费。国土局负责矿产资源利用的日常巡查，查处违法案件并负责矿产资源补偿费征收管理等。

2. 流域管理机构设置

(1) 黄柏河流域管理局

为了保持水资源的可持续利用，加强黄柏河流域水资源的统一调度和管理，推动宜昌水利事业的发展，根据《湖北省水利工程管理体制改革实施方案》及宜昌市事业单位改革的总体部署，宜昌市编委以宜昌市编〔2003〕34 号文件批准成立了宜昌市黄柏河流域管理局，其隶属于宜昌市水利水电局管理，为全民所有制副县级事业单位。

黄柏河流域管理局对黄柏河流域市直水利工程管理单位按照“事企分开、管养分离”的原则进行了改革。撤销了原西北口水库管理处、天福庙水库管理处、尚家河水库管理处、玄庙观水库管理处等事业单位，其承担的水利枢纽工程养护等公益性任务移交黄柏河流域管理局。

黄柏河流域管理局成立以来，强化流域水资源保护与管理，加大执法检查力度，做了大量工作，其主要职责体现在如下几个方面：

黄柏河流域基本情况调查。负责对黄柏河流域内水资源环境的状况进行调查摸底，掌握了流域水资源的现状，为编制黄柏河流域水资源规划、加强流域水资源管理提供第一手资料，为库区管理奠定基础。

流域水资源保护宣传教育。负责编制水法律、法规宣传册，向周边群众讲解《水法》《防洪法》及《宜昌市黄柏河流域水资源保护管理办法》；负责竖立宣传牌和水位及水法规宣传碑；负责在互联网站上设立水政监察网页。

负责流域水政监察与执法。负责黄柏河流域水政监察相关事宜，建立队务日志、队务工作台账、流域巡查记录，并建立完善的电子档案。

（2）黄柏河流域综合执法局

宜昌市于 2015 年 7 月成立黄柏河流域水资源保护综合执法机构，统筹有关黄柏河流域水资源保护各项任务，协调不同部门、不同区域间的涉水关系，以解决长期以来黄柏河流域水资源保护多头执法、执法缺位等问题。该综合执法机构成立后，将各涉黄柏河流域水资源保护行政主管部门的行政处罚、监督检查等执法职能相对集中，统一由其行使。

黄柏河流域综合执法局开展水资源保护相对集中行政处罚权的范围为黄柏河流域饮用水水源保护区。在黄柏河流域饮用水水源保护区内相对集中由水行政主管部门、县级人民政府、环境保护主管部门、渔业主管部门和海事管理机构行使的行政处罚、行政强制权。

三、黄柏河流域保护制度建设

宜昌市为保护黄柏河流域水生态环境，促进流域水生态保护与经济社会发展相协调，颁布和实施了一系列的地方性法规、文件。黄柏河流域水资源保护相关法规见表3-13。

表3-13　　黄柏河流域水资源保护相关法规列表

类型	名称	颁布单位	实施年份	主要涉及内容
国家层面	中华人民共和国环境保护法		2014	保护和改善环境，防治污染和其他公害，保障公众健康，推进生态文明建设，促进经济社会可持续发展
	中华人民共和国水污染防治法		2017	涉及防治水污染，保护和改善环境，保障饮用水安全的各方面内容，包括建立健全对位于饮用水水源保护区区域和江河、湖泊、水库上游地区的水环境生态保护补偿机制
	中华人民共和国水法		2016	涉及水资源保护的各个层面，包括在流域设立流域综合管理机构
	国务院关于进一步推进相对集中行政处罚权工作的决定	国务院	2002	确定了相对集中行政处罚权的范围，包括环境保护管理方面
省级层面	湖北省水污染防治条例	湖北省	2014	水污染的预防、治理、监督及责任主体等
	省政府办公厅关于进一步推进和规范相对集中行政处罚权工作的通知	湖北省	2007	明确开展相对集中行政处罚权的领域、报批程序及工作要求
市级层面	宜昌市黄柏河流域水资源保护管理办法	宜昌市	1999	对黄柏河流域水资源保护、水污染防治、开发利用等做出明确规定
	关于划定官庄水库饮用水水源保护区的决定	宜昌市	2006	划定保护区范围，提出了保护区内水体的管理和监测要求，明确了官庄水库水源保护区的法律地位
	关于加强黄柏河(东支)流域磷矿开发利用环境监督管理的意见	宜昌市	2014	磷矿项目审核和年度磷矿开采总量控制
	关于在西北口库区实施“两减一扶”促进水资源保护工作的意见	宜昌市	2014	生态移民、扶贫

国家层面的《中华人民共和国环境保护法》《中华人民共和国水污染防治法》和《中华人民共和国水法》是开展流域水资源保护的最高上位法，对保护和改善水生态环境，防治水污染，推进水生态文明建设，促进经济社会可持续发展起到宏观指导作用。《湖北省水污染防治条例》则是在国家层面法律基础上，结合湖北省实际情况制定的具有中观层面的水生态环境保护法规，而《宜昌市黄柏河流域水资源保护管理办法》(以下简称《管理办法》)、《关于划定官庄水库饮用水水源保护区的决定》和《关于加强黄柏河(东支)流域磷矿开发利用环境监督管理的意见》(以下简称《意见》)是对湖北省相关法规的进一步深化、落实，并结合宜昌市实际情况制定的具体实施细则。《管理办法》对黄柏河流域水资源保护、水污染防治、开发利用等做出了明确规定，是黄柏河流域水资源保护的重要法规。

《管理办法》和《意见》是宜昌市黄柏河集中式生活饮用水源地保护区开展保护工作的重要指导文件。《管理办法》从管理主体、水资源保护、水污染防治、开发利用、奖励与惩罚等宏观层面对黄柏河水源地保护区进行了界定，是一部综合性的水源地保护法规。而《意见》则是专门针对流域内磷矿开采企业而制定的环境保护管理意见，它以《管理办法》为前提，意在进一步规范磷矿企业生产经营活动，保障流域水环境。

《意见》制定了磷矿企业污染排放红线制度、磷矿开采立项审核制度以及磷矿企业社会监督制度等管理办法和制度，旨在加强对黄柏河(东支)流域磷矿开发利用环境的监督管理，但部分规定与《管理办法》存在冲突。如《管理办法》第三十条规定：(一)禁止新建、扩建与供水和保护水源无关的建设项目；(二)禁止向水体排放污水，已设置的排污口必须限期拆除。而《意见》只要求磷矿企业污水排放达到《综合污水排放标准》中的一级标准即可。

1.《管理办法》

《管理办法》是一部综合性的水源地保护法规，它从管理主体、水资源保护等宏观层面对黄柏河水源地保护区进行了界定。在水源地保护方面，其明确了黄柏河流域管理体制，并制定了六个方面的制度(见图3-11)。

黄柏河流域管理体制。《管理办法》明确了以水行政部门和环保部门为主，其他部门按其行政职能分部门管理黄柏河流域的管理体制。宜昌市及黄柏河流域所在县水行政主管部门，负责对黄柏河流域水资源保护实施监督管理。环境保护行政主管部门，负责对黄柏河流域水污染防治实施监督管理。另外，计划、规划、城建、土地管理、地矿、交通、公安、卫生、林业、农业等部门，

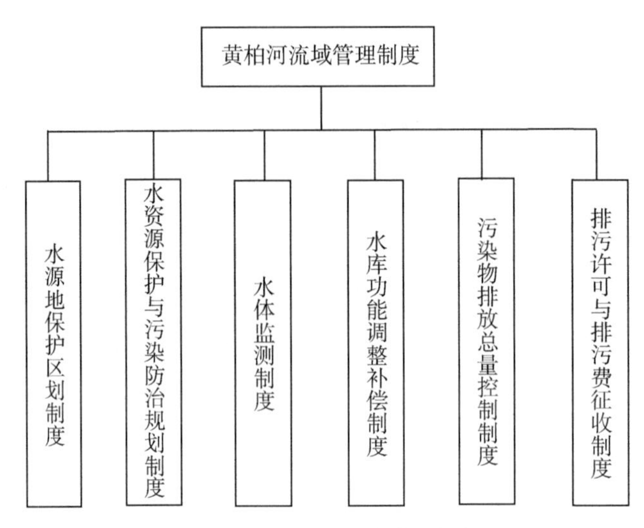

图 3-11　黄柏河流域管理制度

以及流域内各水工程管理单位，应当根据法定职责，协同做好黄柏河流域水资源的保护管理工作。

水源地保护区划制度。《管理办法》明确黄柏河东支段发源地分水岭至两河口、两河口至汤渡河大坝段承雨面积区为一级保护区，即水源地保护区。并同时规定在整个保护区内禁止新建、扩建有可能造成污染的工业企业，禁止滥用农药、化肥；禁止向水体排放、倾倒工业废渣、生活垃圾及其他废弃物；禁止新建、扩建与供水和保护水源无关的建设项目。禁止向水体排放污水，已设置的排污口必须限期拆除。

水资源保护与污染防治规划制度。《管理办法》明确了宜昌市水行政主管部门为水源地保护区的水资源保护规划责任主体，相关部门配合执行规划；水资源保护规划经市人民政府批准后实施，并将其纳入本级政府国民经济和社会发展中长期计划和年度计划，按规划要求在辖区内组织实施。同时，《管理办法》规定市环境保护行政主管部门为水源地保护区的水资源防治规划责任主体，相关部门配合执行规划；水资源防治规划经市人民政府批准后实施，并将其纳入本级政府国民经济和社会发展中长期计划和年度计划，按规划要求在辖区内组织实施。两个规划共同构成了流域水源地保护与治理规划，共同点是都由一个部门牵头制定规划，报市人民政府批准后实施，并且将其纳入流域所在地各级政府长期或年度计划。不同的是，水资源保护规划由水利部门牵头负责，而水资源防治规划由环保部门牵头；水资源防治规划还要求流域所在地各级政府根据规划采取产业结构调整、污染企业整顿、污水集中处理等具体防治措施。

水体监测制度。黄柏河流域饮用水源地保护区内水体的监测、管理和评价，执行国家《地表水环境质量标准》，其中一级保护区不低于Ⅱ类水质标准，二级保护区不低于Ⅲ类水质标准。市水行政主管部门应当加强黄柏河流域水资源监测站网的建设，对流域水质、水量进行经常性监测，定期将监测结果报市人民政府，并抄送有关部门和单位。

水库功能调整补偿制度。保护区内共有玄庙观、天福庙、西北口和尚家河4座水库，4座水库原主体功能都以灌溉用水为主，兼有发电、防洪、拦沙、养殖等综合效益。现因水功能区划的改变，水库功能转变为集中饮用水水源地，为此产生的经济损失需要进行补偿，《管理办法》提出黄柏河流域的控制性水利工程，在保证防洪安全的前提下，调度运行时应优先保证本市城区和小溪塔的用水需求，由此产生的经济损失由受益单位按规定给予适当补偿。

污染物排放总量控制制度。《管理办法》规定黄柏河流域实行水污染物排放浓度控制与总量控制相结合的制度。相关部门根据黄柏河流域水污染防治规划，拟订黄柏河流域排污总量控制计划。向黄柏河流域水体排污的单位，凡应被纳入排污总量控制的，应根据排污总量控制计划、黄柏河水环境容量和上年度实际排污量，从严确定其排污总量控制指标。黄柏河流域排污单位超过排污总量控制指标排污的，由所在地县级以上人民政府或其委托的环境保护行政主管部门责令其限期治理；逾期未完成治理任务的，由所在地县级以上人民政府依法责令其关闭、停业或转产。

排污许可与排污费征收制度。《管理办法》明确黄泊河流域排污单位应当严格遵守排污申报登记和排污许可制度，按期完成污染治理任务，并按国家规定缴纳排污费和超标准排污费。黄柏河流域排污单位发生污染事故或其他突发事件，造成或可能造成流域水污染事故的，必须立即采取应急措施，并向当地环境保护行政主管部门报告。排污单位在黄柏河流域水体设置、变更排污口，须经所在县水行政主管部门同意，并报同级环境保护行政主管部门批准。

2.《意见》

为了加强黄柏河（东支）流域饮用水源地保护，提高水环境质量，保障饮用水安全，同时为了保障流域磷矿企业这一支柱产业的健康发展，宜昌市政府出台了《意见》，专门针对磷矿企业在流域水环境管理体制、水环境监测制度、排污许可与总量控制制度，以及水源区保护制度等方面，做出了更为详细和明确的规定。

(1)流域管理体制

《意见》指出加快推进黄柏河流域水环境保护综合执法，成立综合执法机构，由市编制部门牵头制订方案并按程序报批。在综合执法机构组建之前，由水利部门牵头，环保、国土等部门参加，开展联合执法。并规定针对磷矿项目，区(县)级每月、市级每季度分别开展现场联合执法不少于一次。发现问题则提出整改意见，对整改不力的企业，区(县)政府可责令停产并处罚，对违法情节严重者可以责令关闭。

与《管理办法》相比，《意见》明确了在对流域水环境行政执法这一层面建立综合管理机构，改变了以往分部门管辖的模式。不再是由水行政主管部门和环境保护部门分别负责对黄柏河流域水资源保护和水污染防治实施监督管理，其他部门协同做好黄柏河流域水资源的保护管理工作。

(2)水环境监测制度

《管理办法》仅规定了流域水体监测、管理、评价标准，并未对企业的污染物排放做出明确的规定。为了弥补这一不足，并进一步规范对企业和流域污染物排放的监测工作，《意见》制定了更为详细的水质监测制度：

一是明确了磷矿企业污水排放标准。《意见》明确企业排放的生产废水和生活污水，应全部达到《污水综合排放标准》(GB8978—1996)一级标准。

二是对磷矿企业的污水排放监控设施提出明确要求。《意见》指出磷矿企业必须按要求安装在线监测设施，对总磷、悬浮物、pH及流量进行监控，监测数据实时与环保部门联网。

三是加强流域水体监测管理和信息共享。《意见》要求水利部门要合理设置水质监测断面，并组织水质监测和评价，全面掌握东支流域水质状况，准确判断交界区域水质变化影响因素。市水利、环保、国土、经信等部门要建立水质监测数据和相关监管信息共享机制。

四是建立东支流域水环境应急监测制度。《意见》指出，当发现东支流域水质出现恶化或存在恶化趋势时，市、县(区)水利、环保部门应加大地表水和污染源的监测频次，随时掌握地表水水质状况及流域内磷矿企业排污状况，逐一排查污染原因，依法督促企业整改，直至水质状况恢复正常。

(3)排污许可与总量控制制度

《意见》结合磷矿企业污染物排放监控与管理的现状，细化了《管理办法》

的相关内容，主要体现在如下几个方面：

一是明确了磷矿企业污染物减排的措施。磷矿企业排放的生产废水，必须采取絮凝、沉淀等污染防治措施。生活污水必须建设微动力生化处理设施。

二是将磷矿企业污染物排放量控制与磷矿项目的审核与开采挂钩。实行磷矿项目审核与东支流域水质挂钩；实行磷矿开采总量控制与东支流域水质挂钩；实行磷矿项目分类审核、联合审核、减量审核制度。

三是明确磷矿企业设置排污口必须编制排污口论证报告。磷矿企业需设置入河排污口的，必须编制入河排污口论证报告，向有管辖权的水行政主管部门提出设置申请，经批准后方可实施。

(4)水源区保护制度

针对磷矿企业矿渣乱堆乱弃的现象，《意见》对磷矿企业的矿渣处理作出了明确的规定，即磷矿企业的矿渣应按县(区)政府及相关部门要求，运至规范渣场集中堆放或进行回填。严禁在沿河两侧、公路两旁及渣场以外乱堆乱弃矿渣，严禁非法侵占河道。

(5)磷矿企业行业自律与社会监督制度

《意见》建立了有奖举报和黑名单制度，鼓励群众举报环境违法行为；落实磷矿项目审核、环境保护、矿渣堆放、水土保持等信息公开制度，接受社会监督。《意见》要求县(区)政府监督磷矿企业落实环保主体责任，全面履行环保义务，确保污染防治设施正常、有效运行。东支流域磷矿企业可根据有关规定，组建行业协会，主动承担环境保护义务，加强自我管理、自我约束和相互监督。

《管理办法》与《意见》的对比分析见表3-14。

表3-14　**《管理办法》与《意见》的对比分析**

	《管理办法》	《意见》
流域管理体制	水行政主管部门和环境保护部门分别负责对黄柏河流域水资源保护和水污染防治实施监督管理；计划、规划、城建、土地管理、地矿、交通、公安、卫生、林业、农业等部门，根据法定职责协同做好黄柏河流域水资源的保护管理工作	加快推进黄柏河流域水环境保护综合执法，成立综合执法机构，由市编制部门牵头制定方案并按程序报批。在综合执法机构组建之前，由水利部门牵头，环保、国土等部门参加，开展联合执法

续表

	《管理办法》	《意见》
监测制度	黄柏河流域饮用水源地保护区内水体的监测、管理和评价，执行国家《地表水环境质量标准》，其中一级保护区不低于Ⅱ类水质标准，二级保护区不低于Ⅲ类水质标准	(1)企业排放的生产废水和生活污水，应全部达到一级标准。(2)磷矿企业必须按要求安装在线监测设施，监测数据实时与环保部门联网。(3)市水利、环保、国土、经信等部门建立水质监测数据和相关监管信息共享机制。(4)建立东支流域水环境应急监测制度
排污许可与总量控制制度	对造成流域水污染的企业进行治理整顿和技术改造，减少废水和污染物的排放量	磷矿企业排放的生产污水，必须采取絮凝、沉淀等污染防治措施；生活污水必须建设微动力生化处理设施
	黄柏河流域排污单位超过排污总量控制指标排污的，责令其限期治理；逾期未完成治理任务的，依法责令其关闭、停业或转产	实行磷矿项目审核与东支流域水质挂钩；实行磷矿开采总量控制与东支流域水质挂钩；实行磷矿项目分类审核、联合审核、减量审核制度
	排污单位在黄柏河流域水体设置、变更排污口，须经所在县水行政主管部门同意，并报同级环境保护行政主管部门批准	磷矿企业需设置入河排污口的，必须编制入河排污口论证报告，向有管辖权的水行政主管部门提出设置申请，经批准后方可实施
水源区保护制度	在黄柏河流域饮用水源地一、二级保护区内禁止新建、扩建与供水和保护水源无关的建设项目；禁止在水库、渠道水体及其保护范围内建设畜禽养殖场、堆放垃圾	磷矿企业的矿渣应按县(区)政府及相关部门要求，运至规范渣场集中堆放或进行回填。严禁在沿河两侧、公路两旁及渣场以外乱堆乱弃矿渣，严禁非法侵占河道

3.《西北口库区实施“两减一扶”促进水资源保护工作的意见》

为了实施西北口库区的扶贫开发，并有效保护西北口库区的水资源，宜昌市政府制定实施了“两减一扶”政策，旨在通过搬迁库区贫困户，减少库区污染物负荷，以实现水资源保护，具体措施如下：(1)实施生态搬迁。将核心区住户有计划地迁到核心区以外生产资料充足的区域，鼓励有条件的库区农民到黄柏河水源保护区以外的地区落户。(2)减少人口迁入。鼓励库区农民弃农经商，弃农从工，核心区域内除婚迁外禁止人口迁入。出台鼓励政策，将核心区空挂户户口迁出库区。(3)实行精准扶贫。将核心区五保户、留守老人及其他需要民政救济的对象集中安置到乡镇福利院，实行集中供养。对库区其他符合条件的扶贫对象，采取扶贫搬迁、智力帮扶、劳力援助等措施予以帮扶。(4)发展生态经济。大力发展符合生态保护要求的绿色经济，减少库区畜禽养殖，实施农村清洁能源工程，开展"清洁家园"建设。(5)加强库区管理。建立健全库区管理长效机制，落实水库保护责任制，加强库区水资源保护。

四、黄柏河流域保护管理成效

水资源保护制度日趋完善。实行了取水许可证制度和入河排污口审批制度，基本落实了水资源有偿使用制度。在重要河流、水库取水口设置了监测点，初步建立了江河湖泊、地下水体、城镇居民饮用水源的水质监测网络。

逐步推进流域综合管理。成立了黄柏河流域管理局和黄柏河综合执法大队，强化流域水资源保护与管理，加大执法检查力度。一是开展流域全面摸底调查，编制了《宜昌市黄柏河流域尚家河、西北口、天福庙、玄庙观水库水资源调查报告》《宜昌市黄柏河流域水域清理专项行动摸底调查报告》；二是促进黄柏河水资源保护与管理的制度化、规范化；三是打造了黄柏河水资源保护专业队伍。

库区扶贫成效明显。西北口库区近几年扶贫成效明显，"两减一扶"政策一定程度上缓解了交通、饮水、危房改造等突出问题，起到了稳定民心的作用。

流域水源地综合整治成效突出。全市大中型水库和有集中供水任务的小型水库基本实现了人放天养。对黄柏河流域东支一级保护区内的投肥养殖进行了规范清理：取缔了西北口库区网箱养殖，天福庙水库抓住除险加固的机会，取缔了网箱养殖、拦汊养鱼，实行人放天养。2014 年，远安县启动黄柏河流域水源地综合整治，一年内 25 家磷矿企业累计投资 2000 余万元，建设挡渣墙 5200 米，清理河道 7000 多米，改扩建矿井废水沉淀池 35 个，安装生活污水微动力处理装置 23 套，建设维修垃圾池 45 个。同时，远安县还在流域内完成户用沼气池 150 口、太阳能 100 台，推广测土配方施肥 5000 亩，建设垃圾中转站 1 个、垃圾房 120 个、垃圾池 48 个、无害垃圾填埋坑 2000 个，杜绝了白色垃圾乱丢乱扔现象。

建设与生产项目监管日益严格。2007 年以来，市政府组织水利、环保、发改等部门，对可能影响黄柏河流域水质安全的建设项目，进行了 7 次专项检查。2008 年 10 月，夷陵区关闭了保护区范围内的夷陵区阳家沟金矿，并责令宜化花果树、宝石山、鑫宁、中孚丁东等 4 家磷矿企业停产整改，同时成功劝退了某化工企业拟在西北口棠垭兴建磷矿选矿项目的计划。

五、黄柏河流域保护面临的挑战

1. 现有流域水质监测体系不能满足水资源保护的需要

流域监测站点数量少且无法满足其承担功能的需要。首先，黄柏河水源地(东支)流域干流只有 6 个固定水质监测站点，位于上游的站点只有天福庙监测站点，其余 5 个皆位于下游河段，无法全面反映上游各河段的水质变化情况。其次，为了研究或调查需要，上游虽在 14 条支流布置了监测点，但尚未开展固定监测，这无法为《意见》中“实行磷矿开采总量控制与东支流域水质挂钩”政策的实施提供评判依据。最后，为了明确并落实地方政府在流域水资源保护中的责任，必须在主要的乡镇政府之间设立跨界监测断面。

流域监测制度不统一且尚未实现信息共享。黄柏河水源地(东支)流域干流 6 个监测站点监测的指标和频次不一致，并且分属不同的管理责任主体；中上游地区没有设置固定排污口监测点，仅因为研究需要或水华调查需要，对部分厂矿部分年份的排污口进行了污染物入河浓度监测。而且不同监测主体间的信息尚未充分共享，不利于对流域水环境情况的全面掌握。因此，2014 年的《意见》中明确指出“市水利、环保、国土、经信等部门建立水质监测数据和相关监管信息共享机制”。但是，磷矿企业的污染物排放监控主要由环保部门监管，而流域水质断面监测则由水利部门负责和监管，仍未形成所有相关信息的共享。

磷矿企业排污口在线监测系统建设滞后。黄柏河水源地(东支)流域上游磷矿企业数量众多，种类多样，而且每个企业有不同的矿产项目。到目前为止，磷矿企业基本尚未安装在线设施系统，因此环保部门不能对磷矿企业排污口的总磷、悬浮物、pH 及流量开展实施监控，也不能对超标排放的企业及时进行监管与处罚。

2. 流域控污治污设施处理与管理能力亟待提高

磷矿企业污水直排和尾矿废渣随意堆放现象严重。黄柏河水源地(东支)

流域上游只有 4 家磷矿开采企业有污水处理厂，另外由于生产区位于山区，可利用的建筑用地少，而先进处理工艺和设施对投资要求较高，制约了矿井涌水的处理效果。多数企业生产污水未经处理被直排河道。如流域内的四家选矿企业均为开放式厂区，选矿产生的污水随雨水被直接排入附近河道。与此同时，尾矿废渣随意堆放，随意倾倒和堆砌的渣土加剧了河道水体污染。

流域内生活垃圾与污水处理设施不足。黄柏河水源地（东支）流域污水处理厂较少，污水处理能力不足，人口聚集区缺乏集中式生活污水处理设施。在人口聚集、厂矿企业较多的玄庙观水库、天福庙水库和西北口水库的污染源区域内缺乏污水处理厂，大量生产、生活污水未经处理被直接排入黄柏河。尽管黄柏河水源地（东支）流域近年来加大了流域内人口聚集和散居区的生活垃圾集中处理工作，但总体上由于流域内人口众多，且较为分散，生活垃圾收集和集中处理能力仍显不足，不利于流域水环境的改善。

西北口水库面源污染控制与管理能力不足。西北口库区通过集中整治和日常巡查已经成功禁止了水库的网箱养鱼和投肥养鱼。但是，在面对迅速发展的库区休闲产业、集中养殖业，以及传统种植业时，原有的执法和行政能力、监控手段、管理模式等方面已经凸显不足。

3. 水源地保护区划对流域水环境保障作用有限

黄柏河水源地保护区法律地位不明削弱了监管力度。根据《中华人民共和国水污染防治法》的相关规定，饮用水水源保护区的划定，须由市、县人民政府提出划定方案，报省级人民政府批准。而在省政府办公厅《关于印发湖北省县级以上集中式饮用水水源保护区划分方案的通知》（鄂政办发〔2011〕130 号）中，宜昌市 16 个饮用水源地中并不包括黄柏河流域。黄柏河水源地（东支）流域法律地位不明确，对流域水资源保护中的各部门监督和执法职责的履行都产生了很大的制约作用。

污水排放标准制定滞后增加了保护区管理难度。《管理办法》并未对磷矿采选企业的污水排放明确采用哪种标准。但是根据《污水综合排放标准》（GB8978—1996）的要求，水源地保护区禁止新建排污口，现有排污口应按水体功能要求，实行污染物总量控制，以保证受纳水体水质符合规定用途的水质标准。因此，在 2014 年颁布的《意见》中，明确磷矿企业生产和生活污水排放全部应达到一级标准，同时由水利部门与环保部门合作实施磷矿企业污染物排放总量控制。但是由于大部分磷矿企业建设投产先于 1999 年《管理办法》和 2014 年《意见》的颁布时间，其环境影响评价和排污口论证中所采取的排放标准通常会低于这一标准。因此，推行《意见》里的一级标准会增加磷矿企业的污水治理成本。这对于小型矿产企业将会带来一定的经济压力，增加了保护区排污口与污水排放的难度，从而影响保护区水资源保护的效果。

流域水库功能的改变产生了保护与发展的矛盾。黄柏河水源地(东支)流域共有玄庙观、天福庙、西北口和尚家河 4 座水库，其原有水库功能定位为以灌溉用水为主，兼有发电、防洪、拦沙等功能。但《管理办法》实施以后，这四个控制性水库的功能发生了根本性改变，主要为宜昌市城区提供饮用水水源。水库及周边区域也被划定为水源地保护区。水库功能的变化，使得水库水环境容量减少，原有的生活、生产方式需要得到限制，污染较大的产业不能在库区布局，居民生活水平的提高受到一定程度的限制，这些都无疑会激化库区水资源保护需求与当地社会经济发展诉求之间的矛盾，从而削弱《管理办法》的监管作用，增加库区水资源保护的难度。

4. 流域污染物排放许可与总量控制制度有待完善

现行排污许可制度无法保障水污染排放的控制。虽然《中华人民共和国水污染防治法》明确国家实行排污许可制度，《管理办法》也明确“黄柏河流域排污单位应当严格遵守排污申报登记和排污许可制度”，但是由于磷矿企业点源排放检测信息不完整，连续达标排放无法证明的原因，排污许可监管没有可靠的信息源；同时，虽然磷矿企业设定了污水排放标准，但是缺少明确的监测方案和达标判定方法，严重影响了环境监测能力的发挥；加之，企业违规排放的处罚力度偏低，无法起到惩戒与预防作用，且处罚规定不明确，可执行性较差。这些问题都影响了排污许可制度的实施效率与效力，导致该制度并不能很好地管控企业排污行为，乱排现象严重，极大地破坏了黄柏河水源地(东支)流域水环境。

流域总量控制制度无法具体落实。1999 年的《管理办法》规定“黄柏河流域实行水污染排放浓度控制与总量控制相结合的制度”，并要求主管部门根据黄柏河流域排污总量控制计划、黄柏河水环境容量和上年度实际排污量，从严确定(企业)排污总量控制指标。2014 年的《意见》进一步明确“水行政主管部门根据东支流域水环境容量提出限制排污总量，环保部门确定各磷矿企业污染物排放总量，磷矿企业排放污染物超过总量控制指标或排放废水不达标的，县(区)政府应责令其限期治理”。但是由于在线监测设施不完备，企业污水排放基本处于失控状态，磷矿企业的污染物排放总量控制制度并未落实，导致流域排污总量控制计划无法实施，黄柏河水源地(东支)流域水环境容量耗散殆尽。

以行政区域为单元的断面水质考核与奖惩制度亟待建立。黄柏河水源地(东支)流域磷矿开采主要集中在夷陵区的樟村坪镇和远安县的荷花镇，它们是黄柏河流域的主要磷污染源。黄柏河水源地(东支)流域西北口库区以上共有14条支流分布着45家磷矿开采企业和4家选矿企业。地方乡镇政府通过这些企业上缴的税费和利润分红在磷矿开发中获益。但是，地方乡镇政府并未对等地承担起本行政区域内的水污染监控与防治责任。其中一个主要的原因在于，目前尚未有一套针对支流出口断面和行政跨界断面的水质监测、考核与奖惩制度，导致地方政府在面临水环境污染问题时互相推诿，上级政府也无法对其监管职责是否发挥和发挥的程度予以客观的评价。这一约束机制的缺失，进一步导致地方政府在水环境监管中不作为，从而激励磷矿企业超标超量排放。

5. 流域功能改变形成的补偿需求增加了水源地保护难度

中华人民共和国成立以来，黄柏河水源地(东支)流域水体功能定位经历了两次改变，第一次改变产生的原因是东支流域玄庙观、天福庙、西北口和尚家河几个控制性水库的修建，使流域水资源兼有灌溉和发电等功能。此次改变，主要受影响的区域是四个水库淹没区的原有居民。例如，西北口水库在修建过程中，供涉及移民2243人，其中就地后靠移民936人(雾渡河镇499人，分乡镇437人)。库区原有居民的生产、生活方式发生了巨大变化。第二次改变产生的原因是，1999年以来，黄柏河水源地(东支)流域被正式确定为水源地保护区，为宜昌市提供饮用水。这一改变意味着水环境保护与治理成为约束全流域经济发展的关键性因素，黄柏河水源地(东支)流域原有磷矿产业发展模式、农业种植模式、居民生活方式都需要随之调整。这两次改变客观上都对原有库区社会经济发展和沿岸居民生活方式产生了影响，在一定程度上限制了居民或原有经济体的发展权，因此需要予以一定的补偿。

《管理办法》制定时，已经注意到了流域功能的变化对社会经济发展的可能影响，因此提出了“对保护水源地水质做出牺牲的主体进行相应补偿”，但是对哪些受损失的对象予以补偿，补偿的区间范围如何，采取何种标准和方式予以补偿，并未明确和建立相应的实施细则。

水源地生态补偿缺失导致流域内水资源保护积极性不高。黄柏河流域被划为水源地保护区并向宜昌市供水以来，支撑了约150万城区人口的引水安全，同时承载了主城区约80%的GDP发展，为宜昌市社会经济发展做出了巨大贡献。但是目前宜昌市政府并未专门针对黄柏河水源地出台水源地保护生态补偿的相关管理办法或政策，也并未设立专门的生态补偿基金或转移支付办法，对全黄柏河流域所承担的水资源保护职责予以经济补偿或政策支持。目前，对于水源地的生态补偿行为非常不系统，补偿目标和范围有限，未能形成一个流域外对流域内保护行为，受益主体对保护责任承担主体给予充分补偿的机制。水源地生态补偿机制的缺失，意味着在限制黄柏河流域社会经济发展的同时，还要求其承担额外的水资源保护职责，这势必会导致流域内相关机构既无承担繁重水资源保护的能力，也没有充分保护水资源的动力，并触发不同利益主体的矛盾，为流域水资源保护监管制造障碍。

针对污染企业减排和退出的补偿机制亟待建立。由于黄柏河水源地(东支)流域磷矿丰富，磷矿企业众多，磷矿开采的时间跨度长，流域内已经富集了大量的含磷污染物质，按照水源保护区对水质的要求，流域内几乎没有富余的环境容量。① 这意味着，即使实现了《意见》中提出的"磷矿企业生产和生活污水排放全部应达到一级标准"，由于污染物的累积效应，黄柏河流域水环境污染现状仍将持续很长一段时间。因此，在严格执行污水排放一级标准并严格治理磷矿企业尾矿乱堆乱弃的同时，需要鼓励大型磷矿企业采取更先进的治污技术与设施，实行更为严格的排放标准，减少其排污量；鼓励产量较小的磷矿项目或磷矿企业逐步退出。因此，为实现磷矿企业治污技术与设施的进一步提升与改善，需要设立补偿基金，对于减少污染物排放的企业项目予以经济补偿；同时，也需要针对小型采矿项目退出设立补偿基金，建立补偿机制，适当补偿企业在关停过程中发生的相关成本。

库区生态搬迁缺乏系统补偿措施与长效管理机制。黄柏河水源地(东支)流域控制性水利工程建设周期长，经历了多次移民搬迁，移民的历史遗留问题突出。一方面，由于历史原因，库区移民中贫困户较多，生活困难，是全流域最不发达的区域。另一方面，黄柏河水源地(东支)流域水体功能的变化，要求库区加强水资源保护方面的管理，并着力发展生态经济，对投肥养鱼、规模化养殖、农家乐等传统创收行业进行严格限制。针对这一现状，宜昌市政府颁布了《西北口库区实施"两减一扶"促进水资源保护工作的意见》，旨在通过实施减人减房和精准扶贫改变库区贫困落后面貌，促进库区社会经济与生态文明协调发展。但是，目前生态搬迁实施的范围还比较小，库区居民搬迁积极性不大。另外，根据实地调研，西北口库区对于网箱养鱼和投肥养鱼取缔实施和后期管理较好，但对于规模化养殖、农家乐以及面源污染控制实施都遇到了一定

① 中国科学院南京地理与湖泊研究所. 黄柏河东支流域磷污染治理初步方案[R]. 南京：中国科学院南京地理与湖泊研究所，2014：11.

的困难。分析其原因，主要在于鼓励生态搬迁尚未有系统的实施方案，如何通过适当经济补偿、政策扶持、技术援助鼓励人口外迁，如何帮扶外迁库区居民解决基本生活问题和提高收入，如何发展库区的生态经济，以及如何通过加强库区管理提高库区居民污染水环境的生活成本等一系列问题尚未有相应的政策予以明确和规范。

6. 黄柏河流域综合管理能力不能满足水源地保护的要求

水源地保护凸显涉水管理部门流域综合行政能力不足。目前，通过组建黄柏河流域管理局，在水利部门部分法定职能范围内，实现了四大水利工程所在流域范围的统一管理；通过组建黄柏河综合执法局，在水资源保护执法方面向流域全面统一管理推进了一大步。但是，目前黄柏河流域管理仍以部门分散管理为主，各部门根据自己的行政职能履行黄柏河流域水资源保护的责任。由于黄柏河流域人类活动强度较大，沿岸居民较多，磷矿企业利益错综复杂，而且存在诸多的历史遗留问题，因此不能简单仿照其他水源地保护区一禁了之的方法。由于需要同时兼顾水资源保护和地方社会经济发展，目前涉水管理部门的流域综合行政能力仍显不足，需要建立一个多部门共同协作机制，将涉及流域社会经济发展的部门和实施水资源保护的部门协调起来，从而共同实现黄柏河流域可持续发展。

乡镇地方政府利益与责任不对称导致监管缺位。乡镇作为基层政府往往在流域管理中扮演着至关重要的角色，其拥有的行政和社会监管优势是其他上级政府涉水行政主管部门所不能替代的。但是，目前黄柏河水源地(东支)流域沿岸乡镇，尤其是磷矿企业所在的樟村坪镇和荷花镇，通过税、费、股权等形式，与污染排放主体形成了密切的利益共同体，没有形成实施水资源保护监管的内在动力。此外，已出台的法规政策都未对乡镇地方政府在流域监管中所应承担的责任有一个明确地界定，这也导致它们没有现实的实施监管的外在压力。内在动力与外在压力的共同缺失就导致了地方政府在黄柏河流域水资源保护管理中缺乏积极性，不作为现象普遍，监管严重缺位。

基层涉水组织水资源保护监管作用发挥不明显。黄柏河流域的水利站、水库管理处等基层组织受经费、人员编制与素质等方面的限制，其监管作用发挥不明显。流域基层水利组织一方面因为提留款、农业税等税费的减免，没有经费保障而能力被削弱；另一方面，流域内基层水利组织没有明确的权力和责任安排，也导致其监管作用难以发挥。

第四节　黄柏河流域生态补偿的目标和任务

具体来看，黄柏河水源地（东支）流域生态补偿主要有4大目标，分别是开展水源地生态补偿、生态搬迁生态补偿、矿企退出生态补偿和流域水环境生态补偿。(1)开展水源地生态补偿旨在流域内减少农业面源污染、控制生活垃圾和生活污水污染、改善水库与库湾内源污染以及控制规模化养殖和农家乐污染。(2)开展生态搬迁生态补偿主要是为了加大对水源地保护区经济发展的扶持力度，促进流域经济发展；解决西北口库区面临的住房、交通、饮水等突出困难问题；控制西北口水库周边点源污染和生活垃圾面源污染以及解决西北口库区移民历史遗留问题。(3)开展矿企退出生态补偿重点是减少磷矿采选企业点源污染和控制矿区工人生活垃圾、生活污水污染。(4)流域水环境生态补偿的主要目标是控制和减少流域内磷矿企业排污量、实现东支干流和主要支流污染物排放总量控制目标、保障东支流域水环境生态补偿行为常态化，以及优化流域内远安县、夷陵区以及樟村坪镇、荷花镇的污染物削减费用。表3-15列出了4大目标的主要内容，以及各个目标的具体任务。

表3-15　　**黄柏河水源地（东支）流域生态补偿目标及任务**

目标	主要内容	具体任务
水源地生态补偿	①减少农业面源污染；②控制生活垃圾和生活污水污染；③改善水库与库湾内源污染；④控制规模化养殖和农家乐污染	①提高水源地防污控污基础设施建设水平；②提高水源地生活垃圾管理水平；③提高远安县和夷陵区政府保护水源地的积极性；④提高宜昌市水利局、黄柏河流域管理局水资源保护的监督管理能力；⑤提高主城区和灌区用水户水资源节约与保护意识；⑥提高东支流域森林覆盖率，减少水土流失；⑦推广生态农业
生态搬迁生态补偿	①加大对水源地保护区经济发展的扶持力度，促进流域经济发展；②解决西北口库区面临的住房、交通、饮水等突出困难问题；③控制西北口水库周边点源污染和生活垃圾面源污染；④解决西北口库区移民历史遗留问题	①划定生态搬迁的范围和对象；②重点搬迁西北口水库周边农家乐；③提高库区周边居民水资源节约与保护意识；④提高迁出和迁入地区防污控污基础设施建设水平；⑤增强移民局、水利局、黄柏河流域管理局的沟通协调能力

续表

目标	主要内容	具体任务
矿企退出生态补偿	①减少磷矿采选企业点源污染；②控制矿区工人生活垃圾和生活污水污染	①划定流域磷矿开采总量控制目标，只减不增；②提高单个磷矿采选企业排污标准，包括污染物排放浓度和排放量；③促使磷矿企业加强污染物处理设施建设，包括生产和生活两个维度；④制定矿企落后产能淘汰制度；⑤提高环保、国土部门的监管能力和积极性
流域水环境生态补偿	①控制和减少流域内磷矿企业排污量；②实现东支干流和主要支流污染物排放总量控制目标；③优化流域内远安县、夷陵区以及樟村坪镇、荷花镇的污染物削减费用；④保障东支流域水环境生态补偿行为常态化	①核定黄柏河东支流域污染物总量控制目标；②核定东支流域主要支流污染物总量控制目标；③制定流域行政交界监测断面考核标准；④完善东支流域干流和支流监测站网，大力建设在线监测监控设施；⑤提高环保、国土部门，远安县、夷陵区政府及荷花镇、樟村坪镇的水质监控能力和积极性；⑥提高流域内磷矿开采区域企业、政府和居民水环境保护意识；⑦提高磷矿开采区域居民对水环境污染行为的监督、举报意识和能力

一、黄柏河流域生态补偿机制设计

根据流域生态补偿的概念和内涵，以及黄柏河水源地(东支)流域和宜昌市实际情况，提出黄柏河水源地(东支)流域生态补偿机制框架(见图 3-12)。一是制定实施流域生态补偿的指导思想和基本原则。二是明确黄柏河流域生态补偿的实施范围、水资源保护目标和任务。三是针对黄柏河东支流域存在的水资源和生态环境保护问题，东支流域生态补偿机制应该包括水源地保护区生态补偿、水源地生态搬迁补偿、流域矿山企业退出生态补偿和流域水环境生态补偿 4 类补偿机制。四是明确每种生态补偿机制的损益关系、补偿范围、补偿主体和补偿对象以及补偿内容、标准和方式。五是明确生态补偿资金的筹措渠道和使用方式。六是明确流域生态补偿的管理、协调机构以及具体的办事机构部门，为实施生态补偿提供组织保障。七是制定和完善相应的法规制度，建立法治化、规范化的生态补偿运行及监督机制，为实施生态补偿提供机制和法律保障，形成促进流域协调发展的长效机制。

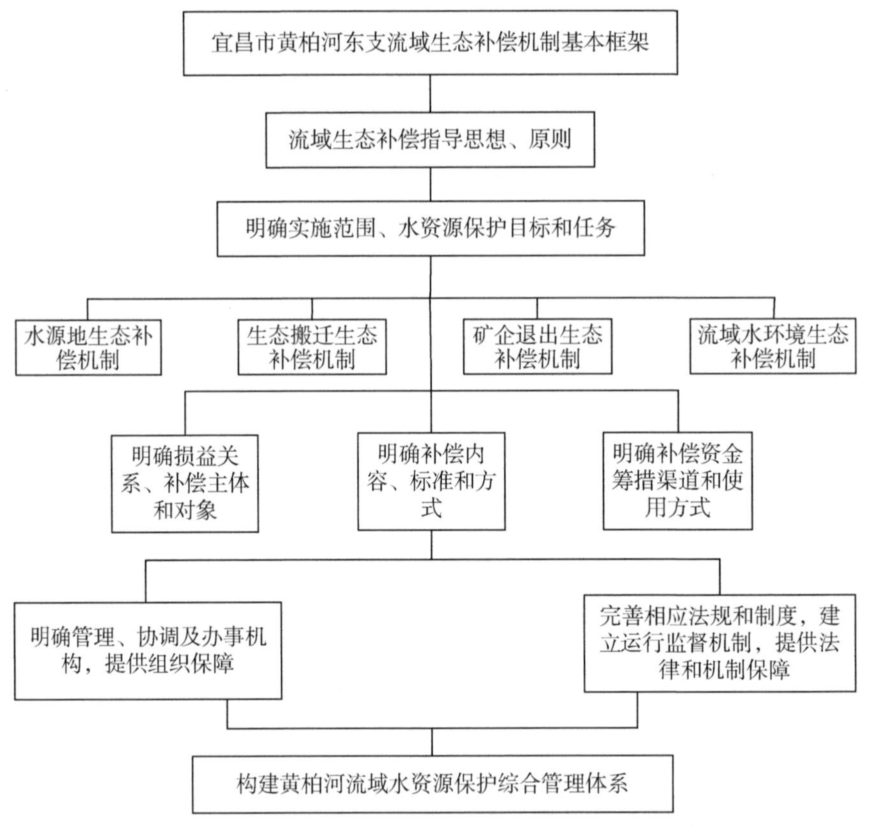

图 3-12 流域生态补偿机制基本框架

二、黄柏河流域生态补偿利益相关者分析

流域生态补偿各利益相关方的网络结构主要涉及生态补偿过程中的利益相关者，以及确定谁来补偿和补偿给谁的问题。通常情况下，生态补偿利益相关者可以分为补偿主体、补偿对象和补偿客体三个维度。

1. 生态补偿主体

黄柏河水源地(东支)流域生态补偿网络结构中，补偿主体主要包括政府、社会组织和公民三个类型，而它们又可以划分为水生态环境保护和管理者、水生态环境改善受益者和水生态环境破坏者。

政府主要是指宜昌市政府、夷陵区政府、远安县政府以及流域上游的樟村坪镇政府和荷花镇政府，它们作为黄柏河水源地(东支)流域水生态环境保护和管理者，是生态补偿的经常主体。一是基于国家职能，它们担负着社会公共管理等职责；二是基于生态环境和自然资源的特有属性，水生态环境只适合由政府进行养护、建设及管理。

水生态环境改善受益者。按照生态补偿“谁受益、谁付费”的指导原则，黄柏河流域内因流域水环境改善而受益者主要是宜昌城区用水户和东风渠灌区用水户，他们应当承担补偿主体的责任。

水生态环境破坏者。按照生态补偿“谁污染、谁付费”的指导原则，黄柏河流域内破坏水生态环境的主体主要包括磷矿采选企业、规模化养殖户、农家乐点源污染以及造成面源污染的广大农户。

2. 生态补偿对象

流域生态补偿对象主要包括水生态环境保护贡献者和减少水生态环境破坏者两类主体。黄柏河水源地(东支)流域生态补偿结构中，水生态环境保护者主要有为保护水源地水质而实施生态搬迁的库区移民、消除农业面源污染的农户和为保护水源地水质而丧失发展权者，东支流域内丧失发展权者以远安县和夷陵区为主体，尤其是荷花镇和樟村坪镇。东支流域减少水生态环境破坏者主要指减少污染物排放的矿山企业和减少农业面源污染的农户。

3. 生态补偿客体

生态补偿的客体是东支流域水源地水生态环境。生态补偿主体给予生态补偿对象相应的生态补偿，以促进水生态保护与建设和流域经济建设，改善水源地居民生活条件，达到保护水源地目的，从而使得补偿客体为补偿主体提供优质可持续的水生态环境。

三、黄柏河流域生态补偿网络结构分析

根据前文对黄柏河水源地(东支)流域生态补偿主客体及对象的分析，可以得到流域生态补偿主要的利益主体及其相互关系，它们构成了流域生态补偿的网络结构(见图3-13)。在黄柏河水源地(东支)流域生态补偿的网络结构中，主要涉及宜昌市政府、远安县政府、夷陵区政府、荷花镇政府和樟村坪镇政府、行政执法部门、矿山企业、宜昌城区用水户、东风渠灌区用水户和西北口库区移民几个利益关系主体(见图3-14)。

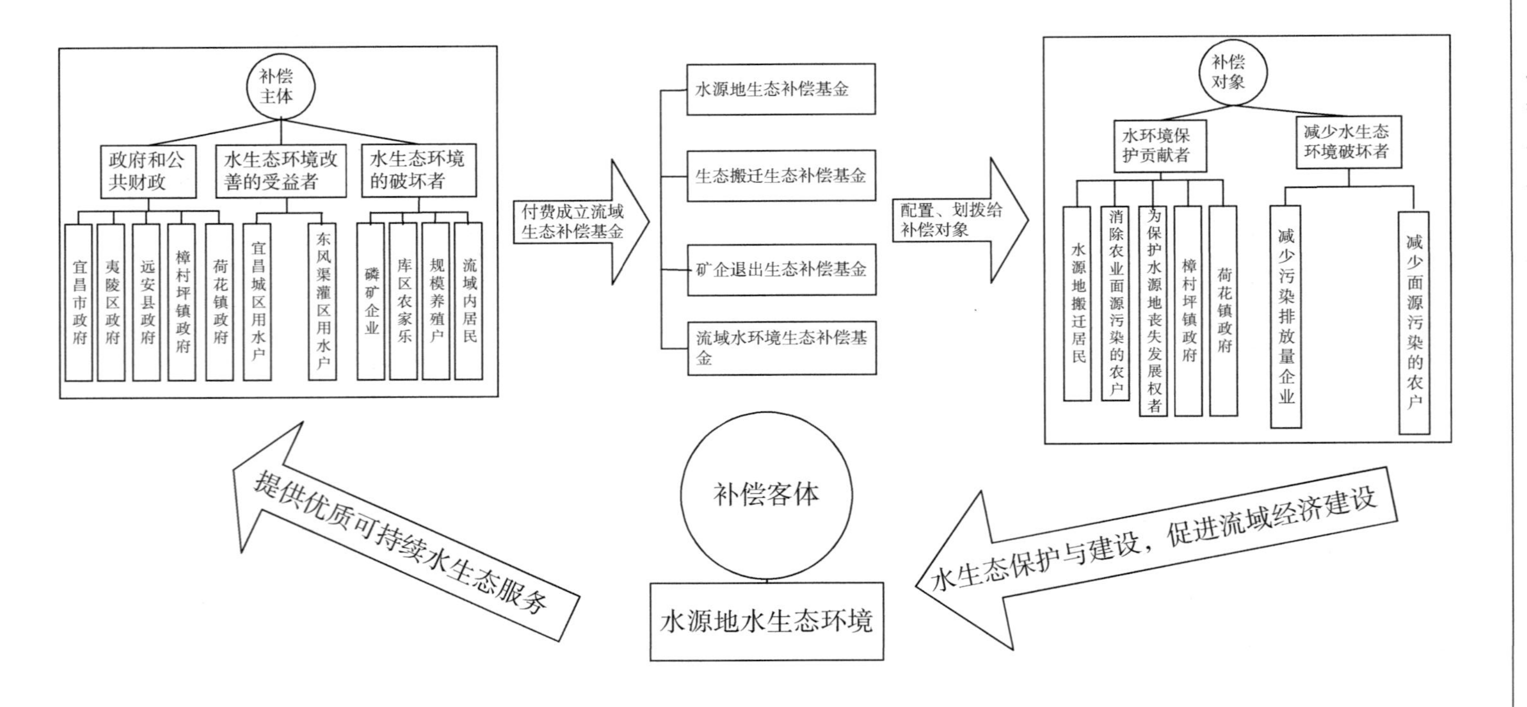

图3-13　各利益相关方的网络结构图

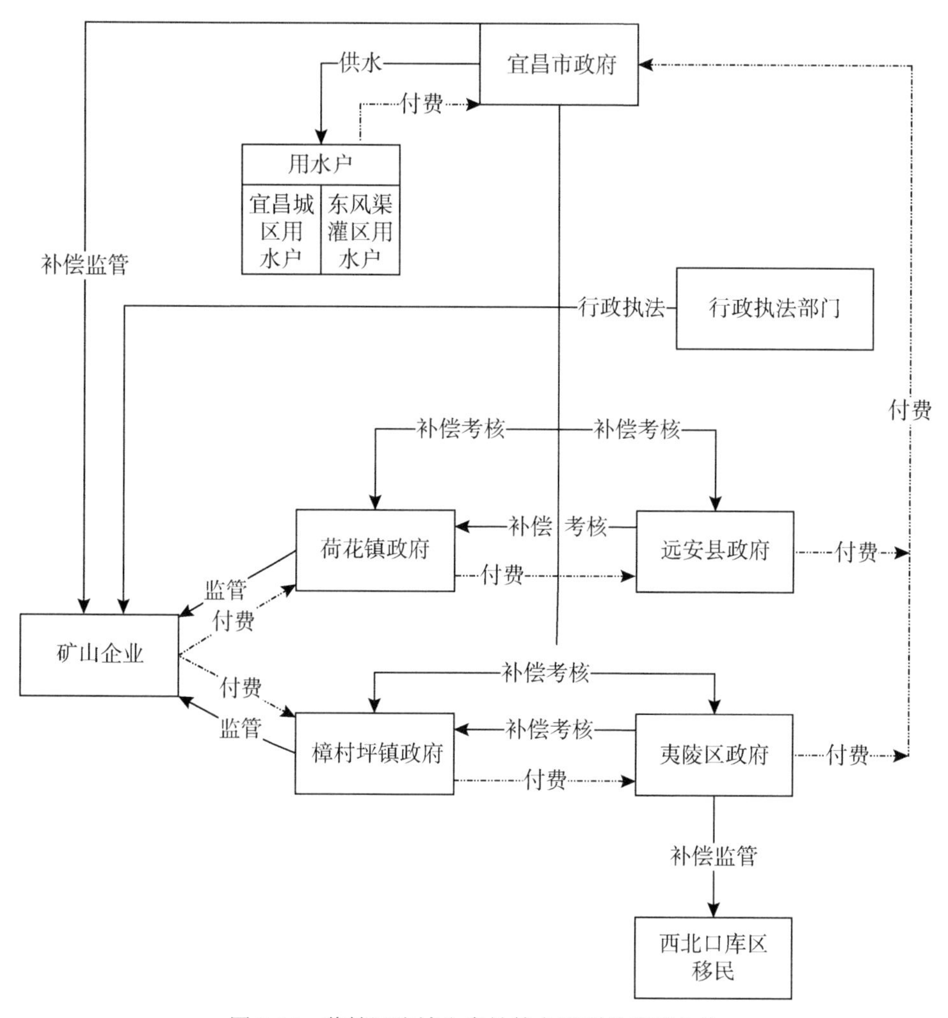

图 3-14　黄柏河流域生态补偿主要利益关系主体

从流域内外层面看，宜昌市政府作为东支流域的监管和保护主体，对流域外的城区用水户和灌区用水户征收费用用于流域水环境保护，再向其供给清洁水源。从政府上下级关系层面看，宜昌市向夷陵区、远安县提供水生态环境保护所需资金，同时对其进行水生态环境保护的效果进行考核；远安县和夷陵区将获得的上级资金拨付给荷花镇和樟村坪镇以保护水生态环境，同样对后两者进行相应的考核。从磷矿开采付费关系看，流域内磷矿企业分别向镇、区(县)和市级政府上缴利税和费用，镇、区(县)同时也需要向宜昌市缴纳生态补偿相关费用，用以建立生态补偿基金。

市级职能部门担负行政监管和执法职能。宜昌市环保、国土资源、水利水电(流域管理局、综合执法大队)和财政等职能部门负责对流域生态补偿进行监管和执法。各级政府同样需要担负一定的管理和考核责任，樟村坪镇和荷花镇直接负责各自辖区内磷矿企业的监管。宜昌市和夷陵区负责西北口库区生态搬迁补偿以及对搬迁居民进行一定的行为约束和监管，保障库区水质。

第五节　黄柏河流域生态与经济贡献分析

一、流域经济发展现状

黄柏河东支流域包括夷陵区5个乡镇(街道)，即樟村坪、雾渡河、分乡、黄花、小溪塔，远安县1个乡镇，即荷花镇。根据宜昌市夷陵区2011年国民经济统计资料和《远安年鉴》(2012)，流域内各乡镇(街道)的人口见表3-16：

表3-16　**2011年东支流域各乡镇(街道)人口情况**

地区	总户数(户)	年末总人口(人)
小溪塔街道	56909	141226
樟村坪镇	8093	22228
雾渡河镇	11383	32149
分乡镇	13533	38554
黄花乡	13591	36092
荷花镇		28269
合计	103509	298518

从表中可以发现，流域内的人口分布呈现由上游至下游逐步增多的趋势，各乡镇中小溪塔街道人口最多，樟村坪镇人口最少。流域水质情况是下游地区整体好于上游地区，说明人口多寡与水质好坏不呈正向关系。

1. 流域经济发展水平

夷陵区和远安县是湖北省经济强县(区)，在2012年湖北省县域经济发展综合排名中，夷陵区进入前十强，远安县进入前30强。樟村坪镇和荷花镇则是湖北省经济百强乡镇，两者常年进入前20强和前30强。黄柏河流域虽然整体经济水平较高，但流域内农民收入水平较低。2011 年夷陵区农民人均纯收入 8515 元，流域内除樟村坪镇高于平均水平外，雾渡河镇、分乡镇、黄花乡都低于平均水平。虽然荷花镇工业总产值在 2012 年首次突破百亿元大关，占到全县工业总产值的 63.5%，但其农民人均纯收入(2011 年)远低于远安县农民人均纯收入。

2. 产业结构

夷陵区 2013 年地区生产总值 441.24 亿元，三产结构比例为12.34∶64.97∶22.69。第一产业和第三产业产值较低，第二产业比重过高。东支流域由于水田、平田少，陡坡耕地比重大，加上坡耕地土层薄、肥力低，农业生产水平普遍较低，严重制约了当地农村经济的发展；第三产业因流域经济产业结构所限，发展水平比夷陵区整体水平更低。樟村坪镇和荷花镇因为大量磷矿企业的缘故，第二产业比重尤其高。

3. 各乡镇(街道)发展水平

根据 2011 年的统计资料，流域内 6 个乡镇(街道)的主要经济指标见表 3-17。

表 3-17 **2011 年各乡镇(街道)主要经济指标**

地区	工业总产值(亿元)	农林总产值(万元)	财政总收入(万元)	农民人均纯收入(元)
樟村坪镇	43.1	18497	43586	9808
雾渡河镇	22.1	34246	3679	7318
分乡镇	2.4	35785	1793	7499
黄花乡	14	36912	2682	7284
荷花镇	86.3	—	12190	6332
小溪塔街道	3.9	77842	16058	9482

从表中可以看出，流域上游的樟村坪镇和荷花镇经济发展水平明显好于中下游的分乡镇、黄花乡和雾渡河镇，尤其是工业总产值差距较大。上游地区是宜昌市磷矿采选企业的主要聚集区，它们拉动了樟村坪镇和荷花镇的工业产值，也有力地促进了两镇的整体经济实力。

二、黄柏河保护的整体生态环境价值核算

黄柏河流域是宜昌市和枝江市城区饮用水、工业用水以及商品粮基地东风渠灌区的主要水源地，对保障宜昌市用水安全具有举足轻重的作用。黄柏河流域取水的主要去向包括以下几个方面：东风渠灌区的农业灌溉用水、从官庄水库供给宜昌城区的城市用水、蜘蛛洞水电站发电用水以及东风渠灌区内乡镇供水。

黄柏河东支流域是宜昌市主要生活用水水源地。黄柏河东支流域为东风渠沿线22个乡镇(街办)、293个村和夷陵、远安、当阳、枝江以及宜昌城区的西陵、伍家岗、猇亭、高新区等8个行政区域供水，供水人口占宜昌市总人口的50%，达到200万人。[①] 其中，东风渠供给官庄的城市供水量多年平均值为9212万立方米，[②] 占宜昌城区年供水量35132.48万立方米的26.22%。[③]

另外，黄柏河东支流域还是宜昌市主要的工业生产用水水源地，负责向猇亭工业园、五峰工业园、黄花工业园、龙泉工业园、鸦鹊岭工业园、枝江市的安福寺工业园、当阳市的王店、双莲工业园等宜昌市主要工业园区供水。根据统计，黄柏河东支流域供水区域内经济总量占宜昌全市的近80%，[④] 按2014年宜昌市生产总值3132.21亿元计算，供水范围内生产总值达到2505亿元。

表3-18　　黄柏河流域水资源保护对宜昌市的经济贡献

供水人口（万）	全市比重	城市供水量（万立方米）	全市比重	供水区域GDP产值（亿元）	全市比重	农业灌溉面积（千公顷）	全市比重
200	50%	9212	26.22%	2505	80%	64.73	49.8%

黄柏河承担着宜东灌区66.67千公顷农田的灌溉重任，[⑤] 有效灌溉面积64.73千公顷，占全市有效灌溉面积129.94千公顷的49.8%。[⑥] 从2001年至

① 《关于黄柏河水污染防治情况的报告》。
② 《宜昌黄柏河流域调研报告》。
③ 《宜昌城区现代水利发展规划》。
④ 《关于黄柏河水污染防治情况的报告》。
⑤ http：//hb.people.com.cn/n/2014/0103/c337099-20299119.html。
⑥ http：//www.ycsl.gov.cn/art/2016/3/8/art_ 40424_ 557363.html。

2011年，东风渠灌区农业灌溉用水量多年平均为2852万立方米。① 2013年供给灌溉用水5546万立方米，占当年东风渠灌区从尚家河水库引水总量的18%。

东风渠灌区覆盖宜昌市的夷陵区、枝江市、当阳市和猇亭区，总面积2437平方公里。2013年夷陵区、枝江市和当阳市农业总产值分别达到106.3亿元、112.01亿元和115.8亿元，共计334.1亿元，约占宜昌市全年农业总产值555.63亿元的60%。黄柏河流域水资源保护对宜昌市的经济贡献见表3-18。

三、磷矿产业经济发展贡献分析

1. 磷矿产业是宜昌市的支柱性产业

磷矿产业是宜昌市的支柱产业。黄柏河东支流域磷矿资源丰富，依托磷矿生产，宜昌市已初步形成一个包含磷矿石采选、磷肥、基础磷化工产品和精细磷化工产品的产业体系，其在宜昌市的经济和社会发展中占有重要的地位。

2011年，宜昌市从事磷产业企业的生产总值648.7亿元，占宜昌市生产总值的30.3%；磷产业税收12.1亿元，占财政总收入的3.7%；规模以上工业企业865家，其中从事磷产业的企业77家，占规模以上工业企业的8.9%（见图3-15）。②

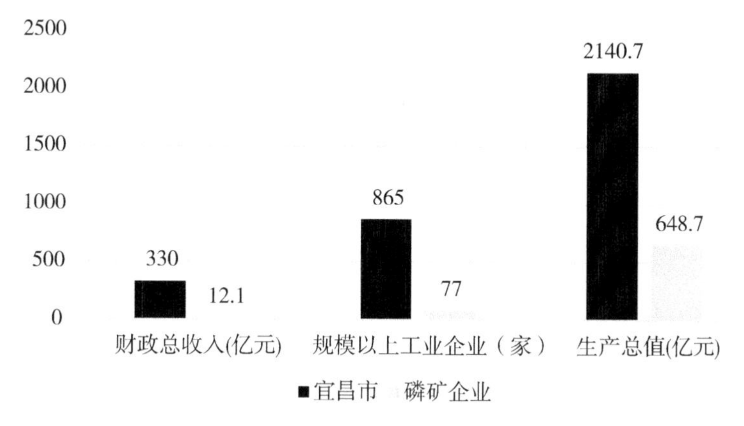

图3-15　磷矿产业相关指标占宜昌市的比重

① 《宜昌黄柏河流域调研报告》。

② 《湖北宜昌磷资源开发利用产业发展总体规划》。

磷矿采选下游产业磷肥和磷化工业是宜昌市五大支柱产业之一——化工行业重要的组成部分。2011 年年底，宜昌市工业总产值过亿元的 422 家企业中，磷化工企业占 25 家；工业总产值过 10 亿元的 28 家企业中，磷化工企业占 9 家；工业总产值过 50 亿元的 7 家企业中，磷化工企业占 5 家；年主营业务收入过 100 亿元的企业有 6 家，其中磷化工企业占 2 家(见图 3-16)。①

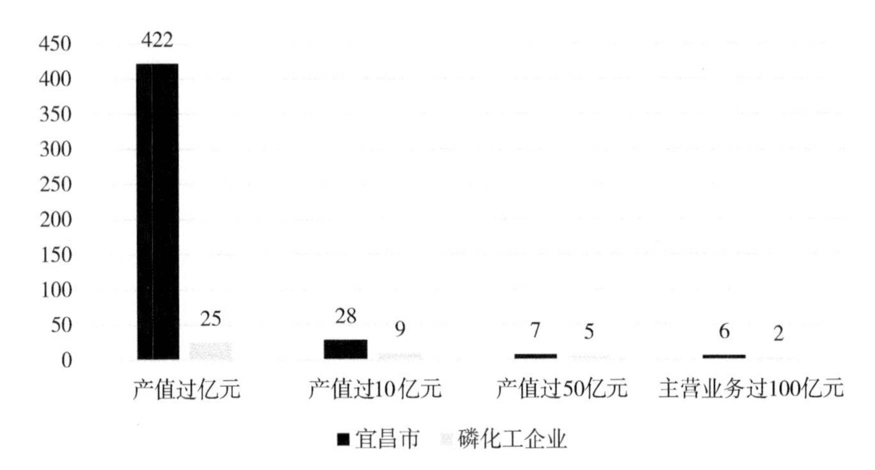

图 3-16　磷化工企业相关指标占宜昌市的比重

2. 磷矿产业有力促进黄柏河水源地(东支)流域经济发展

磷矿产业有力拉动流域各区县、乡镇的经济发展。夷陵区和远安县是湖北省的经济强县(区)，尤其是夷陵区常年位列湖北省县域经济 20 强。湖北省 2012 年度县域经济发展综合排名显示，在 80 个县域经济体中，夷陵区排名第 5，远安县排名第 24。磷矿产业不仅是宜昌市的支柱产业，更是夷陵区和远安县的核心产业，正是依靠丰富的磷矿资源，夷陵区和远安县才能建立起规模化的磷矿产业，从而进入湖北经济强县(区)行列。

夷陵区和远安县的磷矿主要产地分别在樟村坪镇和荷花镇。樟村坪境内磷矿资源富集，已探明储量 7.8 亿吨，占湖北省、宜昌市磷矿资源的 42%和 80%以上，是亚洲第二大磷矿腹地。现有磷矿采矿企业 28 家，探矿企业 13 家，其中规模企业 19 家，年税收过千万元企业 7 家。荷花镇已探明全镇可开

① 《湖北宜昌磷资源开发利用产业发展总体规划》。

采储量在1800万吨以上，是远安县磷化重镇，镇内拥有磷矿开采、加工、销售企业20余家，年可创利税3000万元。

樟村坪镇依靠磷矿产业成为湖北省经济百强镇。2012年，该镇实现全口径工业总产值64.06亿元，财政收入达到5.61亿元，名列湖北省乡镇第一；由省统计局发布的湖北省百强乡镇名单中，樟村坪镇是宜昌市唯一进入前12强的乡镇。2012年柳树沟、明珠、华西、三峡矿业、汇鑫、宜化杉树垭矿业等6家过亿元规模工业企业完成现行价产值43.52亿元，占樟村坪镇工业总量的68.54%，占规模工业总量的72.33%。樟村坪镇的主要工业就是磷矿采选及相关行业，大量磷矿企业的存在推动了该镇经济发展和财政税收增长，使其成为湖北省经济强镇。

2011年荷花镇在湖北省百强乡镇中排名第24位，2012年排名第23位。2012年荷花镇完成公共财政总收入3.12亿元，是全省平均水平的5.26倍；农民人均纯收入达10986元，是全省平均水平的1.39倍。位于荷花镇的东圣化工是中国民营企业500强，年销售收入近100亿元、利税近10亿元，有力拉动了荷花镇的经济发展。

第六节 黄柏河水源地生态补偿实施方案

一、指导思想与目标

黄柏河水源地补偿是按照流域内与流域外资源共享、成本共担、共同发展、和谐共处的指导思想，遵循“受益者补偿”的原则，对保护水源地行为进行的定向补偿。水源地生态补偿的目标在于通过由宜昌市城区和主要灌区用水户向流域内水源保护者付费的方式，提高东支流域居民、地方政府和社会团体对水源保护的积极性和能力，同时落实各级政府及流域管理机构的监管职能，以期减少农业面源污染、控制生活垃圾和生活污水污染、改善水库与库湾内源污染以及控制规模化养殖和农家乐污染。

二、总体思路

黄柏河水源地(东支)生态补偿的总体思路是：以政府补偿为主、市场补偿为辅，以黄柏河东支流域居民和地方政府为补偿对象，从税费征收、财政拨款和市场交易等途径筹措资金开展生态补偿。市场补偿包括市场购买生态服务和市场投资生态产业两种方式。鼓励企业运用市场化的机制和办法，向水源地居民购买生态服务，企业向水源地保护者提供实物补偿或资金补偿，水源地居民则承担保护水生态环境的责任。引导鼓励国内外资金投向生态建设、环境保护和资源开发，按照“谁投资、谁受益”的原则，支持鼓励社会资金参与生态产业、投资防污治污产业，参与环境污染整治的投资、建设和运营。政府补偿主要采取项目补偿、专项转移支付和农户直接补偿三种形式。水源地生态补偿实施方案见图3-17。

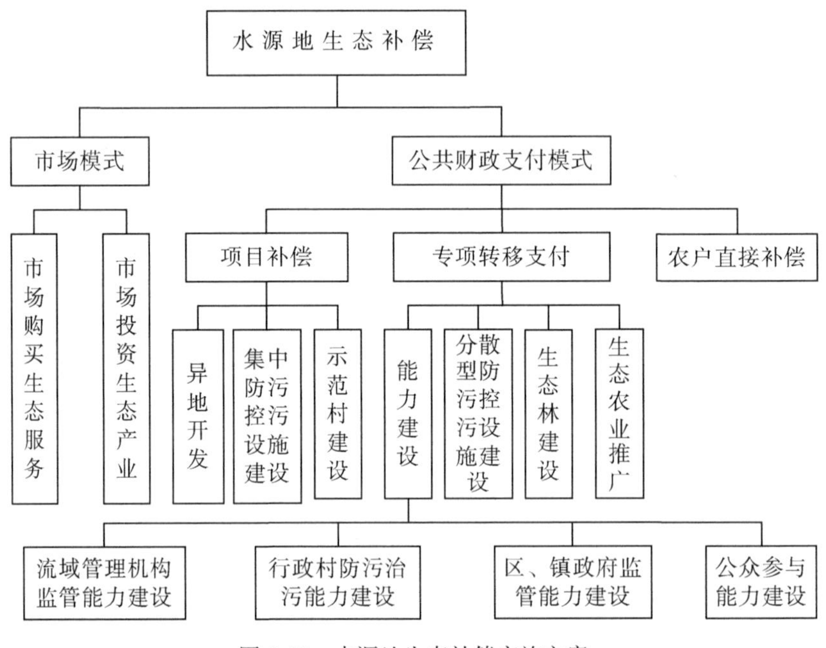

图3-17　水源地生态补偿实施方案

1. 项目补偿主要采取异地开发、集中防污控污设施建设和示范村建设三种方式

市政府出台异地开发的选址、行政管理、财税收入分配和指标统计等办法，支持夷陵区和远安县开展异地开发，鼓励东支水源地保护区内企业和工业项目，尤其是矿产品加工、储存等对水源地影响较大的企业及项目，外迁或落户到水源地外地区；以新建工业园区或入驻已有工业园区的方式，开展多种形式的管理和开发模式，促进水源地内外生产要素充分流动和优化配置，实现水源地环境保护和经济可持续发展双赢。

在生态补偿基金中设立集中防污控污设施建设专项资金，主要支持大型雨污分流、污水集中处理、垃圾集中处理和水环境净化等项目，市政府负责项目的审批、监管和验收，地方各级政府根据流域水资源保护及相关规划，负责项目的申请、建设和后期运行维护及管理。

市政府设立示范村建设专项资金，统一规划部署，按“一村一案”的原则，选择有较强创建意愿的村(或社区)作为试点，分年度实施；以各区(县)为实施主体，各市直职能部门对口指导，行政村为建设主体(有条件的村可以建立村民理事会，发挥村民在示范村建设中的主体作用，完善村民自治制度)，突出水源地保护主题，按照整体规划、分年度建设、持续提升、逐步成型的方式进行有序建设；市政府制定示范村考核标准并负责验收，定期对示范村验收后建设效果的保持和持续提升进行复查。

2. 专项转移支付主要包括能力建设、分散型防污控污设施建设、生态林建设和生态农业推广几种方式

在生态补偿基金中设立专项资金用于建设流域管理机构监管能力、行政村污染防治能力、区(县)和乡镇镇政府监管能力以及公众参与能力。其中，流域管理机构监管能力建设主要包括水环境监管基层基础能力、水环境质量监测与评估能力、水环境预警与应急能力和水环境监管机构队伍建设几个方面，市政府制订建设实施方案，负责建设效果的考核和监督，各级地方政府为建设责任主体，负责制订工作方案，落实流域管理机构具体责任。

在生态补偿基金中设立分散型防污控污设施建设专项资金，主要支持分散的污水和垃圾处理设施建设；政府依据流域农村水环境现状和特点制定总体规划和指导意见，村民根据规划自愿申报建设，政府负责审批并给予资金和技术资助以及项目完成后的验收工作。

市政府从生态补偿基金中拨出专项资金支持流域内生态林建设，重点推动生态保护、造林绿化、生态提升和民生林业等生态林建设任务，市政府负责任务划分、技术指导、任务完成标准制定及考核验收等工作，乡镇政府负责具体实施，实行奖优罚劣。

设立专项资金用于流域推广生态农业，重点构建生态循环农业、畜禽养殖污染防治体系、种植业清洁化生产体系、农业废弃物资源化利用体系和绿色放心农产品保障体系；政府因地制宜制订流域生态农业发展总体规划，积极引导农民参与(自愿原则)，并在资金、技术和政策上给予支持，农民作为生态农业实施主体，接受政府资助与考核。

3. 居民直接补偿以生态补偿基金为主要方式

市政府设立专项的生态补偿基金，对流域内因水源地保护产生成本(或损失)的居民直接进行现金补偿，市政府负责制定具体的补偿类别、标准及实施方案，乡镇政府指导行政村统计具体数据，区(县)政府负责审核，市、区(县)政府组成审查小组以不定期抽查方式进行监督。

三、补偿范围

1999年出台的《宜昌市黄柏河流域水资源保护管理办法》明确黄柏河东支段发源地分水岭至两河口、两河口至汤渡河大坝段承雨面积区为一级水源地保护区，也即为水源地生态补偿范围。补偿范围内东支干流总长度为130.4千米，行政区划涉及夷陵区樟村坪镇、雾渡河镇、分乡镇和黄花镇，远安县荷花镇。

四、补偿利益相关方和主客体界定

1. 水源地生态补偿主体

宜昌市政府。宜昌市政府是黄柏河东支流域的主要管理责任主体，担负着流域的治理和社会公共管理职责，负责流域生态环境和自然资源的管理、配置和保护。

远安县和夷陵区政府。远安县和夷陵区政府是黄柏河东支流域具体流经行政区，在宜昌市政府领导下对流域进行管理，负责流域水资源保护、管理的具体政策和措施的执行。

2. 水源地生态补偿客体

远安县和夷陵区政府。远安县和夷陵区政府也是水源地生态保护贡献者，为保护水源地水质而放弃部分发展机会，同时还面临水生态环境保护成本增加、压力增大的问题，因此需要得到相应的补偿。

水源地保护区居民。东支流域远安县和夷陵区的居民为保护水源地水质做出了贡献，其生产和生活遭受了一定损失，需要得到一定的补偿。

3. 其他利益相关方

水源地保护区内矿山企业。黄柏河东支流域内的矿山企业是水源地生态环境的破坏者，需要承担环境破坏的责任，即交纳绿色税(包括矿产资源费、矿山恢复保证金等)。

水源地保护区内居民。水源地保护区内居民也是生态环境的破坏者。个人生活、家庭生活和从事个体经营活动会产生外部不经济行为，如个体或家庭生产产生的生活垃圾、个体工商户、农家乐产生的废水和垃圾等，应该交纳相应的垃圾处理费和排污费。

水源地保护区外用水户。宜昌市城区用水户和东风渠灌区用水户是水源地保护区外利益相关方，享受水源地水生态环境保护带来的收益，按照谁受益、谁补偿的原则，两者需要支付一定的补偿费用，即水资源使用费。

五、补偿措施

1. 项目补偿

项目补偿主要采取异地开发、集中防污控污设施建设和示范村建设三种方式。

(1)异地开发

异地开发也称飞地经济，是打破原有行政区划限制，通过跨空间的行政管理和经济开发，实现两地资源互补、经济协调发展的一种区域经济合作模式。黄柏河东支流域的远安县和夷陵区因保护水源地，部分发展权受到损害，鼓励不能在本区域实施的工业项目到水源地范围外落户。宜昌市黄柏河东支流域异地开发可以在下游水源地保护受益地区或宜昌市范围内的任一地区选址，在异地开发选址上应尽量遵循就近、优势互补和集约发展等原则。

异地开发模式包括：①自建自管新园区。夷陵区和远安县在宜昌市境内异地分别独自开发，即在宜昌市内选定规划区域后，无偿交由夷陵、远安两县分别负责各自区域投资、开发、建设、招商、管理、服务和收益等。②入驻异地已有园区。夷陵区和远安县的工业项目、企业落户或迁入宜昌市或者下属区县的各工业区块，通过规划、建设、管理和财税分成等合作机制，实现互利共赢。

自建自管新园区。夷陵区和远安县在异地工业园内分别设立异地工业园管理办事机构，负责入园企业相关的土地报批、工商登记、税收征管、基建、监管、环评、项目审批等行政管理事项，分别由夷陵区和远安县国土、工商、税务、发改等单位组建联合工作组并派驻机构入驻异地工业园，就近就地对入区企业实行管理、提供服务；市规划部门负责编制飞地工业园规划，编制经费由相应县各自承担；工业园承接地区有关部门协助做好其他有关社会事务管理服务工作，由此所产生的社会事务服务经费分别由夷陵区和远安县承担。建立协调沟通机制，解决异地招商出现的各种矛盾及资源信息收集共享问题。异地工业园范围内应交的各项税费，除以下两项外，由夷陵区和远安县财税部门征管，直接征收进入夷陵区和远安县国库。第一，契税、耕地占用税、金融保险行业税费、城市公用事业附加收入，以及市政工程、重点工程(基础设施)和市政府投资的公益性工程建设项目税收均为市级收入，由市级财税部门征管；第二，原属市级税基的企业因退城进园、出资兴办等方式进入异地工业园的，缴纳税金在确保基数的基础上，增量部分由宜昌市与夷陵区和远安县分享，分享比例另行确定。异地工业园企业投入和产出及效益等经济指标，分别由夷陵区和远安县负责统计，并纳入夷陵区和远安县国民经济统计范围；工业园统计数据定期抄送宜昌市相关部门。

入驻异地已有园区。“飞地”①工业项目，可分为“招商引资项目”“企业迁建项目”“部分投资项目”和“特殊项目”四类。“招商引资项目”，是指“飞出地”通过招商引资(市外内资项目、外资项目)到“飞入地”落户，并在“飞入地”办理工商注册、税务登记，具有独立核算单位资格。“企业迁建项目”，是指“飞出地”企业整体搬迁到“飞入地”落户，并在“飞入地”办理工商注册、税务登记，具有独立核算单位资格。“部分投资项目”，是指“飞出地”原企业仍保留生产，部分投资项目到“飞入地”落户，并在“飞入地”办理工商注册、税务登记，具有独立核算单位资格。异地(飞地)工业项目实行属地管理，被全部纳入“飞入地”统一领导、统一管理。夷陵区和远安县作为“飞出地”要对“飞地”项目实行全程跟踪服务，直至项目落地为止。“飞入地”需提供项目建设与生产的必要条件，“飞地”项目前期手续代办、工商注册及年检、企业税收，以及环保、安全生产等，统一在“飞入地”实行属地管理，“飞出地”积极配合。“飞地”工业项目税收实行属地征收，即“飞地”工业项目投产后产生的税收，由“飞入地”财税部门负责征收，并报宜昌市财政部门备案。“飞地”工业项目投产后产生的税收收入和其他地方财政收入，按比例分成的办法，② 年终通过财政结算进行划转。异地工业园，实行属地统计，即异地工业园实现的固定资产投资、产值和销售收入等经济指标，计入异地工业园所在行政区。同时，

① 远安县和夷陵区为“飞出地”，异地工业园区为“飞入地”。

② 此处可按照不同项目性质制定不同分成比例，如分为招商引资项目、企业迁建项目、部分投资项目和特殊项目等。

“招商引资项目”产生的引资额计入“飞出地”，投产后实现的经济指标计入“飞入地”；“企业迁建项目”固定资产投资，由“飞出地”与“飞入地”按一定比例计算，投产后实现的经济指标计入“飞入地”；“部分投资项目”固定资产投资，由“飞出地”与“飞入地”按一定比例计算，投产后实现的经济指标计入“飞入地”；特殊项目，由“飞出地”和“飞入地”双方协商，自行商定分成比例。

(2)集中防污控污设施建设

市财政每年安排一定专项生态补偿资金，主要用于水源地集中防污控污设施建设，以项目建设形式补偿水源地夷陵区和远安县，在项目资金上予以支持，按项目实际投资额予以补偿。

项目规划。宜昌市政府在当年某个时间节点前，制定下一个年度拟开展的重点集中防污控污设施建设项目，优先规划大型雨污分流、污水集中处理、垃圾集中处理和水环境净化等类别项目，财政部门负责进行年度预算。

项目申请和审批。各级地方政府根据流域水资源保护及相关规划，参考市政府年度项目规划，结合自身实际情况向宜昌市政府申请集中防污控污设施建设项目；申报内容包括项目拟建设地基本情况、项目规划、项目建设内容及项目概算、资金整合情况、后期管护措施、项目目标及成效等。项目审批按照归口管理原则，由项目规划部门牵头，组织相关部门和人员进行项目评估和审批。

项目建设及维护。申请项目的地方政府负责项目的建设，每年年中和年底须向项目审批部门申报项目进展情况并开展自评；项目建成后，由地方政府负责管理和后期维护，有需要的设施可以设立专人和财政经费予以保障。

项目考核及验收。市政府成立考核验收小组，由环保、水利、财政、国土和农业等相关部门参加，对集中防污控污建设项目进行现场考核验收，验收合格的项目拨付生态补偿剩余资金，未通过验收的项目限期整改。

资金管理。项目资金按分期拨付的原则转移支付至夷陵区和远安县财政。项目立项时给予一定比例的启动资金，中期考核达标时再下拨一定比例的资金，项目最终验收合格后，拨付剩余生态补偿资金。

(3)示范村建设

编制示范村建设规划。按照水源地保护总体要求，参考宜昌市黄柏河流域水资源保护相关规划，着眼东支流域农村经济社会发展全局和实际发展情况，立足流域村庄现有资源和水生态条件，编制整个流域的示范村建设规划，指导流域内村组开展示范村建设。示范村规划须遵循“统筹规划、合理布局、完善水生态功能、体现特色”的原则，做好示范村村庄规划编制、土地利用总体规划和村容村貌及设施规划。

示范村申报和选取。示范村建设采取村庄自愿申请，市政府择优选取的原则。宜昌市可规定明确的示范村申报条件或名额限制，作为示范村申报指导意见。鼓励符合条件的行政村积极申报，不具备条件的不予鼓励。按照申报指导意见，选取“经济基础好、村民积极性高、村干部得力、区位有优势”的行政村，纳入示范村建设范畴；参加示范村建设的行政村必须召开村民会议表决通过并签名同意。

建设原则和内容。宜昌市示范村建设，整体上遵循统一规划部署、因地制宜、一村一案、先期试点、逐渐推广，市、区(县)政府分类对口指导、镇(街)负责具体组织、行政村为实施主体的建设原则。示范村建设以卫生净化、水环境改善和美化、村庄绿化等方面为主要内容，须突出水生态环境保护主题。

建设和管护。单个示范村建设应按照示范村建设目标，制订中长期示范村建设规划，整体规划、分年度建设、分年度申请验收、持续提升、逐步成型的方式进行有序建设。为更好推动示范村建设，行政村可以建立“示范村建设村民理事会”协助村两委开展示范村建设工作。同时，建立长效管护机制，确保示范村建成后发挥应有功能和作用。为此，可以在示范村之间建立评比制度，以及红、黑榜公示制度，激发各示范村的积极性；在示范村内也可建立监督和评比机制，并注意引导和发挥“示范村建设村民理事会”的作用，调动村民维护示范村设施和环境的积极性，促进示范村维持较高管护水平。

资金筹措及使用。示范村建设资金以市、区(县)投入为主，主要渠道为宜昌市水源地生态补偿资金；同时，乡镇(街)和村各自分担一部分。示范村建设资金实行专款专用，每年度财政预算后，设立专户管理；建设资金主要用于清理暴露垃圾、生产废料、污水治理、水环境改善、防污控污设施建设以及饮水安全工程等村庄环境整治，不得挪作他用；示范村建设资金按立项、中期检查和验收情况分批次下拨。

监管、验收和复查。宜昌市政府成立示范村建设工作领导小组，负责示范村建设的规划、审批、考核、验收等工作；结合宜昌市黄柏河东支流域村庄实际，制定符合宜昌市水源地保护要求的示范村考核标准，对示范村建设进行监管、验收，并通报各建设试点的建设进度；对已通过示范村验收的行政村，定期组织工作巡查、考评予以复查，对建设效果不能保持且有明显退步的进行“摘牌”处理，对建设效果突出且持续提升的给予表彰，并对示范村的后续建设给予有关政策支持和财政投入方面的优惠和奖励。

2. 专项转移支付

(1)流域管理机构监管能力建设

黄柏河流域管理机构涉及宜昌市、夷陵区和远安县的水利、环保等政府职能部门以及黄柏河流域管理局和黄柏河综合执法局这类专业流域综合管理单位。流域管理机构监管能力建设的主要内容为：

一是加强水环境监管基层基础能力建设。强化基本和专项监测仪器设备配置，实施水环境监测、监察、宣传教育、信息和固体废物管理等机构标准化建设，提升对流域总磷、总氮等污染物的监测能力；同时，加强水环境监测综合分析能力和管理信息化建设，实现东支流域水质和水量监测信息化、资源化和智能化；另外，切实保障黄柏河东支流域管理机构的基础水环境监管业务用房和执法用车，以满足流域水源地生态补偿日常监管工作需求。

二是加强水环境质量监测与评估能力建设。在东支流域干流及主要水库新建部分水质自动监测站，实现对东支流域主要饮用水水源地供水水库水质自动监测；另外，在东支上游的14条主要支流的跨界断面和入库断面设置监测站，以便全部实现水质自动监测；同时，确定东支流域内水环境质量标准和水污染物排放标准、污染物排放总量，提高流域水环境质量的评估能力。

三是加强水环境预警与应急能力建设。依据和参考《湖北省突发环境事件应急预案》规定，建立和完善东支流域水环境应急救援资源调度和应急指挥调度机制，提升快速反应和事故现场应急检测能力，加强流域水文、水情、水质监测预报系统的管理，实现突发水环境事件统一指挥，环境应急市区(县)镇三级联动；建设宜昌市东支流域危险废物监管系统，对东支流域重点危险废物产生单位、全部危险废物运输车辆和危险废物经营单位实行在线监管。

四是加强水环境监管机构队伍建设。一方面，加强水源地水环境保护机构建设，做到人员、办公场所、工作经费、监管制度等各项工作到位，满足流域水生态补偿实施和管理需要；另一方面，加强环境监管人才队伍建设，充实具备水源地保护、磷污染治理等环保专业技术特长和管理经验的优秀人才，同时，加强对在职人员的业务技能和职业操守培训，使其持证上岗。

为了落实黄柏河流域管理机构监管职权，需要做到以下几方面：

第一，加强领导、落实责任。市政府统筹推进东支流域水环境监管能力建设工作，环保、水利等部门协同制订具体的水环境监管能力建设实施方案，各级地方政府作为流域水环境监管能力建设的责任主体，负责制订工作方案，落实具体责任。

第二，资金筹措和使用。从宜昌市水源地生态补偿资金中安排专项资金用于水环境监管能力建设，主要用于装备能力建设和运行维护，分年筹措和下拨，各级地方政府需专款专用，不得挤占、挪用或用于平衡预算。

第三，考核和验收。宜昌市环保、水利、财政和国土等部门组成联合小组，负责对各级地方政府水环境监管能力建设情况进行监督和检查，对建设效果较好的地区从专项资金中安排一定比例实行“以奖代补”；不能按规划完成或完成效果不佳的地区，则进行通报批评、约谈，对较为严重者实行“以罚代偿”。

(2)行政村防污治污能力建设

设立专项的行政村防污治污能力建设资金，主要用于水源地内各行政村提高生活污水、生活垃圾管理水平，提升村民的防污控污能力，规范对生活垃圾的收集、转运和处置管理，使村民做到主动治理乱扔生活垃圾、乱倒生活污水。

防污治污标准体系建设。市政府制定针对黄柏河东支流域内行政村的防污治污标准体系，通过设立防污治污宣传标志牌或者印刷宣传手册等形式指导流域居民开展防污控污，提升其防污控污能力。

管理运行。建立垃圾清运集中管控机制，完善农村生活垃圾“户投放、村收集、镇运输、区处理”的收运处理系统，防止垃圾被随处堆放，在每个村设置专门的垃圾清运管理人员，实现日产日清。

监督奖惩机制。建立奖惩制度，激发村民保护水环境的积极性。居民之间可以互相督促，向村委举报破坏水生态环境的行为；对保护村内水生态环境的行为予以奖励；对破坏行为在村公示栏进行黑名单公示，以示惩罚。

建立责任机制。行政村两委成员具有监督和管理村内防污控污能力的责任，村主任作为行政村代表，承担主要的监管责任；村级河长担负行政村区域内河段的监管责任。

(3)乡镇政府监管能力建设

加强硬件设施建设。根据宜昌市对东支流域水环境监测网络的统一规划，推进乡镇环境监察执法能力、环境应急能力、环境监测能力标准化和硬件建设，使乡镇具备初步的饮用水全过程监测能力、地表水环境监测预警能力和污染源常规监测和预警监测能力。

人才队伍建设。在具备条件的乡镇(街道)配备必要的水环境监管力量，补齐缺编环境管理和执法人员；加强乡镇环境监管人员的环境监测、监察和应急管理等专业技术培训，提高乡镇的基层环保执法能力。

管理制度。建立对水质、水文和污染物排放的业务化、常态化监测机制，逐步形成水文、水质、污染源、生态监测、预警等信息上报与共享机制；建立一般事故应急处理机制，使乡镇具备处理小型紧急事故的能力；推进监控设施的第三方委托运营，确保乡镇负责的监控设施正常运行，满足对饮用水、地表水和污染源的日常监控需求。重点加强对行政区内污染源总氮、总磷和行业特征污染物排放的监测。持续推进重点污染源在线监控系统建设，加强对磷矿企业磷污染物和其他主要污染物的在线监测监控；通过在线监控、专项执法等手段严格监管磷矿企业排放，及时严肃查处违法排污。

监督考核。落实“党政同责”，实行乡镇党委、政府领导负责制，制定水环境监管领导责任制。对完成目标较好的乡镇予以奖励，对没有完成或完成效果不理想的乡镇进行问责。建立“河长制”管理制度，乡镇一把手担任乡镇辖区内河段的河长，负责对该河段进行监管。

公众参与能力建设。①完善信息公开制度。严格执行《企业事业单位环境信息公开办法》，宜昌市环保和水利部门定期发布东支流域主要断面、水库和支流水质状况，总磷、总氮和化学需氧量等主要污染物水平；要求重点矿企排污单位依法向社会公开其主要污染物名称、排放方式、排放浓度和总量、超标排放等情况以及污染防治设施的建设和运行情况；公开曝光环境违法典型案件、违法违规企业处罚整改情况，公布黑臭水体名称、责任人及达标期限等信息，保障公众的知情权。②拓展公众参与渠道。完善政府与公众沟通平台，拓展企业、公众等利益相关方参与决策的渠道。通过公开听证、网络征集、调研走访等形式，充分听取公众对重大决策和建设项目的意见。每年在东支流域开展镇村级河道治理评选活动，持续推动公众关注和参与。③发挥社会媒体和社会组织的监督作用。充分发挥新闻媒体的舆论监督作用，发挥民间组织在环境社会管理中的积极作用，鼓励和引导环保公益组织参与社会监督，积极推行环境公益诉讼。④公众参与能力培训。为公众、社会组织提供水污染防治法规培训和咨询，邀请其全程参与重要环保执法行动和重大水污染事件调查。⑤激励机制。健全举报制度，鼓励有奖举报；建立环保举报热线和网络举报平台，鼓励流域居民对流域内矿企偷排、超排及其他水环境破坏行为进行举报，并限期处理群众举报投诉的水环境问题，一经查实，可给予举报人奖励。

(4)分散型防污控污设施建设

分散型防污控污设施主要是指在农村地区对生活污水、生活垃圾采取分散处理的方式进行防污控污。而“分散处理是指以就地的处理方式，对农户、街区或独立建筑物产生的生活污染物进行处理，不需要大范围的管网或者收集运输系统”。①

分散型防污控污设施建设内容。①分散型水污染防治控制设施，包括非水冲卫生厕所、户用沼气池技术、低能耗分散式污水处理技术以及雨污水收集和排放设施。②分散型垃圾污染防治控制设施，包括垃圾收集与转运、垃圾收集容器布置、垃圾分类管理、垃圾填埋和堆肥处理等。

分散型防污控污设施建设模式。市政府出台分散型防污控污设施建设意见和建设方案，对流域内农村分散型防污控污设施建设进行总体规划。分散型防污控污设施建设采取村民自愿，政府资助部分资金以及提供技术支持的方式。市政府制定详细的分散型防污控污设施介绍性和建设指导文件，指导村民选取和兴建。

资金安排。行政村统计有意向兴建分散型防污控污设施的户数及类型，上报镇政府，镇政府核实后上报区(县)政府，再由区(县)政府汇总后报市相关部门，以制订下年度建设规划。市财政部门根据年度建设规划进行年度财政预算，从水源地生态补偿资金中划拨专项资金给区(县)政府，再由区(县)政府安排至各乡镇及行政村。

验收及监管。对村民以户为单位兴建的分散型防污控污设施由乡镇组织部门和人员进行验收，设施建设合格者则给予规定额度的资金资助；对设施建设不合格者限期整改，如到期整改不到位，则减少或取消资金支持。对以行政村为责任主体兴建的如垃圾收集、清运、填埋以及雨污处理等设施，由区(县)相关部门和乡镇共同组成考核验收小组，对验收合格的行政村发放规定额度的资助资金，并在后续的项目上给予优先考虑和支持；对验收不合格的行政村则通报批评并责令限期整改，到期整改仍不合格者取消资助，并对行政村两委进行问责。

(5)生态林建设

生态林建设应坚持生态优先、统一布局，因地制宜、合理规划，统一标准、分类指导，全民参与、全社会共建的原则。宜昌市政府根据东支流域的自然条件、交通状况和林业发展现状，规划流域生态林建设的总体布局；在总体布局基础上明确主要任务、任务划分、技术指导、任务完成标准及考核验收等内容，指导流域生态林建设工作。生态林建设主要可以分为生态保护工程、造林绿化工程、生态提升工程和民生林业工程四大任务板块。

在生态保护工程方面的主要任务为：第一，生态红线保护工程，在东支流

① 《农村生活污染控制技术规范(HJ 574—2010)》。

域划定林地、森林、物种3条林业生态红线，实行最严格的林地保护制度，切实加强林地管理和监督检查；第二，天然林、公益林保护工程，流域内禁止天然林商业性采伐；第三，森林灾害防控工程，加强森林防火、有害生物防控工作。

在造林绿化工程方面的主要任务为：以东支流域上游支流为重点，积极开展退耕还林，营造用材林、经济林和短周期工业原料林，把东支流域建成为宜昌市重要的用材林和经济林区；同时，在流域沿岸和生态脆弱地区建设水土保持林和水源涵养林；另外，大力开展通道绿化工程，在乡镇公路主干道沿线可视区荒山荒地，开展荒山造林、栽植行道树和低产林改造。

在生态提升工程方面的主要任务为：第一，矿区生态修复工程。以工矿企业废弃尾矿库、渣场、水土流失区为重点，通过环境更新、生态恢复等方法恢复植被；第二，森林廊道（城镇、村庄）创建工程。以廊道、景区、村庄等沿线为重点，建设森林廊道、森林村庄，营造林水、林路、林村相依的生态河道、景观绿化带和森林村镇，提高人居环境质量。

在民生林业工程方面的主要任务为：第一，在东支流域打造花卉业培育、木本粮油林、中药材和野生动物驯养等为主的林业第一产业；第二，做好森林养生食品、生物制药、森林药品和森林保健品等高附加值农副产品的开发，打造黄柏河林产品影响平台，创建黄柏河林产品品牌；第三，创建生态林示范基地。

生态林建设需要：①加强组织领导，强化工作责任。成立黄柏河生态林建设领导小组，小组下设办公室，办公室设在市林业局，确保领导到位、责任到位；农业、林业、水务、交通、市政、国土和城建等部门要相互协作。明确各乡镇生态林建设的责任主体，根据各乡镇所辖耕地面积、人口和劳动力等情况，采取包干负责的方案，与各乡镇签订生态防护林保护责任书，由专人负责生态林建设、管护等工作。②加大宣传，引导全民参与。积极广泛发动群众、组织群众，调动流域居民植树造林的积极性。③落实管护机制，严把工程质量。加大生态林建设的管护力度，落实管护主体，做到谁造林、谁管护、谁受益，要将植树造林和管护责任落实到人，签订栽植和管护合同，不栽无主树，不造无主林。④强化目标考核，健全奖补扶持。将生态林建设工作作为流域内乡镇、部门年度工作目标考核的重要内容；领导小组开展定期与不定期的督查，对生态林建设进展缓慢、成效较差的单位和相关人员给予通报批评，对超额完成任务的进行表彰。从流域生态补偿资金中安排生态林建设专项资金，用于生态林建设的以奖代补，对按建设标准建设并经验收合格的生态林建设项目

(责任主体)给予一定奖补。

(6)推广生态农业

东支流域生态农业建设遵循“政府主导、农民自主、因地制宜、突出特色”的原则。在政府科学规划、农户主动申请建设的前提下，东支流域生态农业建设应按照“突出重点、以点带面、分步实施、全面推进”的形式开展。

黄柏河东支流域可重点构建生态循环农业、畜禽养殖污染防治体系、种植业清洁化生产体系、农业废弃物资源化利用体系和绿色放心农产品保障体系几大重点工程。

①构建生态循环农业。在流域内合理布局种植业和养殖业，构建农业生产、加工、流通、休闲、服务相协调的产业体系；按照种养业配套、生产过程清洁、资源循环化利用、产品优质安全的要求，构建“主体小循环、流域中循环、市域大循环”的生态循环体系。

②构建畜禽养殖污染防治体系。制定畜禽禁限养制度，推进畜禽养殖污染整治与规范，完善畜禽养殖污染防治长效管理机制，对拟保留的畜禽养殖场开展生态化改造提升，实现畜禽养殖排泄物生态消纳或达标排放。

③构建种植业清洁化生产体系。推广农牧结合、粮经(水旱)轮作、间作套种、种养结合等生产模式和环境友好型农作制度；深化测土配方施肥技术普及应用，增加有机肥、专用配方肥和新型肥料的应用；推进病虫害绿色防控、统防统治和高效农药替代，提高农药利用率，实现农药减量；建立农业投入品包装废弃物回收处理机制，减少农业自身污染物排放。

④构建农业废弃物资源化利用体系。围绕变废为宝、循环利用，在东支流域推广农村有机肥生产应用、沼气发电、生物质能源等项目建设，促进畜禽排泄物、病死动物、秸秆、食用菌渣等转化为农村清洁能源和有机肥源。

⑤构建绿色放心农产品保障体系。在水源地加强耕地质量定位监测点建设和动态管理，逐步建立土壤环境质量监测体系，探索实行农业生态环境动态评价制度和农业环境标志制度；推动东支流域水源地农业标准化生产和“三品一标”基地建设、产品认证，打造具有黄柏河特色的生态标识产品。

推广生态农业需要研究制订推广生态农业的规划，编制规划报告，宏观上，明确流域生态农业推广思路；中观上，设计主要推广内容和路线图；微观上，出台详细的实施方案，落实责任主体。同时可成立宜昌市东支流域推广生态农业发展工作领导小组，主要负责推广生态农业的组织、协调和实施监督等工作；农业、发改、环保、水利、国土及财政等部门要加强对生态农业建设的指导和支持。

推广生态农业可结合黄柏河流域农业发展的实际情况和特点，培育符合流域内推广应用的节地、节肥、节能、节材、节工的农业生产技术、产业循环新型农作制度和农业废弃物资源化利用和治理技术；同时，农业、林业等部门要加强对农民开展生态农业的技术指导、培训，在内容选择、种植方法、耕种流程等方面帮助农民。

推广生态农业应整合专项资金，对沼液综合利用、农作物秸秆综合利用、农业"三品"和品牌培育、废弃农药包装物回收处理及废旧农膜回收利用和畜禽排泄物资源化利用等生态农业项目给予资金扶持，同时，综合运用税收、金融、价格、补贴等措施，调动农业生产经营主体发展生态农业的积极性。

市政府职能部门可联合区(县)政府，成立或组织行业协会，定期对生态农业推广成效进行考核，对建设成效突出的农户予以现金奖励，对推广成效好的地方政府给予通报表扬，并在后续相关项目建设过程中优先照顾和支持；将骗取生态农业资助资金的行为和个体纳入黑名单，取消后续资助资格。

3. 直接经济补偿

将黄柏河东支流域水源保护区内村民的利益与水源地保护直接挂钩，依照合法、合理的原则，实施货币化的生态补偿政策，充分调动村民保护水源地水生态环境的自觉性和积极性，加快推进流域水源地生态补偿制度。凡户籍在东支流域水源地Ⅰ级保护区范围内，并签订《黄柏河东支流域水源保护区保护协议》①的居民皆有受偿资格；新出生婴儿和正常婚嫁的户口迁入的居民属于补偿对象范畴，户口迁出者则取消资格，去世则补偿至去世当月或年。

补偿内容主要包括：①经济林补偿，对农户种植的经济林按每年每株一定金额的标准进行补偿；②耕地补偿，以户为单位，对耕地按每年每亩一定标准进行补偿；③家禽补偿，以户为单位，对放弃或者减少家禽养殖数量和清除养殖圈舍的农户按一定标准进行补偿；④农家乐退出补偿，对水源地内自愿关闭的农家乐按一定标准给予补偿。

宜昌市环保部门和财政部门负责制定详细的直接经济补偿标准，对农户减少或取消家禽养殖、拆除的养殖建筑、农家乐退出经营、耕地和林地补偿等补偿内容规定具体的补偿标准。

符合生态补偿条件的村民，以户为单位，在每年固定时间段到所在村村委

---

① 《黄柏河东支流域水源保护区保护协议》明确规定了水源地居民需要承担的水环境保护责任，如家禽圈养数量、种植作物、耕种方式等。

会填写“黄柏河东支水源保护区货币化生态补偿户籍人口登记表”。村委会负责对“黄柏河东支水源保护区货币化生态补偿户籍人口登记表”把关并汇总上报镇政府；镇政府负责审核并将审核结果在所在村公示，公示期内有异议的，所在镇、村必须及时调查核实；经公示及核实后，所在镇政府应将汇总表报所在区(县)。经所在区(县)审批后，由区(县)财政部门下拨经费，所在镇负责年度生态补偿款的发放工作。在水源地生态补偿基金中设立专项的资金，专门用于水源地居民直接经济补偿；原则上不规定直接补偿给农户的资金用途，由农户自由支配。

该项资金需设立专户，实行专项管理和专款专用；由市政府统筹安排使用，财政、审计和监察部门负责管理、监督及审计工作。市环保部门、流域管理机构应组织考核小组定期或不定期地对生态补偿项目进行检查和整体评价，对违规、违法行为单位或个人进行追责。

4. 市场补偿

市场补偿模式包括市场购买生态服务和市场投资生态产业两种模式。

(1)市场购买生态服务

从黄柏河东支流域取水的企业，可以是政府管理的国有企业，也可以是民营企业，通过向农民支付费用的形式购买生态服务，要求农民改进农业生产方式，包括减少和改进养殖业、改进对牲畜粪便的处理方法、放弃种植谷物和使用农药化肥以及在流域内植树造林等措施，以确保水源质量不被影响。

购买生态服务的企业向水源地保护者提供的补偿可以分为实物补偿和资金补偿两种形式。①资金补偿。企业与有关行政村签订比较全面的水源地生态保护补偿协议，公司每年给行政村一定额度的资金补偿，要求其对所属水源林实行禁伐保护；企业提供资金资助水源地居民电费、水费、树苗款、生态农业建设等，促进水源地居民保护水质的积极性。②实物补偿。企业可以在水源区以适当高于市场的价格承包土地，将土地使用权无偿返还给那些愿意改进土地经营措施的农户；与愿意转变生产经营方式的农场主(个体经营户)签订一定年限的水源地生态保护补偿合同，以此补偿农民由于转变生产方式和使用新技术可能带来的风险。另外，企业还可以向农民提供免费的技术支持，并为新的农机设施购置和生态农业建设支付费用，但是供水公司在合同期内拥有这些资产和设备的所有权，同时有权监督它们是否合理利用。

市场购买生态服务采取市场化竞争、自愿参与的原则，政府营造公平合理的交易环境，个人、企业自由买卖。市政府负责制定市场化的生态购买政策、选择代理公司或中介公司、监督检查交易过程等工作。

(2)市场投资生态产业

政府制定优惠政策，引导市场主体到水源地投资生态产业，通过生态化产业实现水源地水环境改善、保护的同时，促进当地经济发展，提高水源地居民收入和生活质量。市政府负责制定可以在水源地投资的生态产业类型、规模、经营模式等指导意见，区(县)政府根据自身实际情况出台实施方案，乡镇政府和行政村配合上级政府做好生态产业投资的服务。

在切实保护水源地前提下，吸引市场主体投资特色农业、绿色农业和休闲农业。推进绿色食品原料标准化生产基地建设，积极引导农民专业合作社、家庭农场、食品企业发展绿色食品；因地制宜推广城郊休闲观光农事体验型、现代农业园区科普教育型、生态养生休闲度假型等休闲农业模式，开发具有地方特色的休闲农业产品。

各级地方政府，按照市政府制定的生态产业投资指导意见和黄柏河水源地保护相关办法、规划，负责对投资生态产业的市场主体进行监督，重点发挥乡镇政府和行政村的基层监管作用，对符合水源地保护宗旨、运行效果较好的项目和责任主体，在后续项目和政策上予以支持；对实施效果不佳的项目视情况采取限期整改、关停、退出等行政处罚，对项目所在地的政府进行追责。

六、补偿金的筹措与使用

从生态补偿基金中设立水源地生态补偿专项资金，作为水源地生态补偿资金的来源。设立宜昌市黄柏河东支饮用水水源保护生态补偿资金。生态补偿资金可以从以下渠道筹措：(1)市、区(县)的财政预算、水资源费、排污费、排污权有偿使用资金、农业发展基金、森林植被恢复费、矿产资源补偿费及探矿采矿权价款收益；(2)申请将黄柏河东支纳入省级水源地保护区，积极争取中央和省级财政补助；(3)市、区(县)和乡镇经营和入股的磷矿企业利润；(4)社会捐助。

筹措的生态补偿金主要用于东支流域建设公益事业和开展生态保护及污染整治，并按一定比例分配到区(县)、乡镇和村。具体使用范围包括生态公益林的补偿和管护、日常生活处理为主的环境保护投入、生态环境日常监测、环保基础设施建设、关闭或外迁企业的补偿以及其他经市人民政府批准的用于东支流域水源地生态等。另外，生态补偿资金实施专款专用，资金补偿使用情况公开公示，市、区(县)审计、监察部门对各自管辖范围进行跟踪检查。

七、保障措施

1. 完善法规制度

宜昌市应加快制定和出台有关黄柏河东支水源地水生态补偿的法规制度，完善开展水源地生态补偿的制度依据。具体法规上，可考虑出台《黄柏河东支水源地生态补偿机制试行办法》《黄柏河流域水资源保护管理办法实施办法》以及《黄柏河东支水源地生态补偿资金收缴和使用管理办法》等法规，促进水源地生态补偿制度建设。

2. 成立生态补偿工作领导小组

市政府成立以分管副市长为组长的饮用水水源保护区生态补偿工作领导小组，市环保局、水利水电局、财政局、国土资源局等相关职能部门，夷陵区和远安县主要领导、相关职能部门以及乡镇政府(街道办)等单位领导为成员，领导小组下设办公室，挂靠市环保局，办公室主任由市环保局局长担任。各饮用水水源所在地的乡镇政府(街道办)要相应成立组织机构。生态补偿工作领导小组负责年终对相关部门、涉及乡镇、行政村水源地生态环境保护工作进行考核。

3. 监督与考核

健全和完善生态补偿资金监督、管理、使用和审核制度，设立生态补偿资金专户，实行专款专用，由市政府统筹安排使用，财政、审计和监察部门负责管理、监督及审计工作；市政府成立由环保和水利部门牵头的考核验收小组，以镇或区(县)为单位，每半年开展一次考核。

第一，考核对象和内容。考核对象以流域水源地保护主体为主，包括市、区(县)、乡镇、村各级责任单位，重点考核乡镇(街道)这一级。考核内容以工作目标任务为主要内容(需制定详细考核指标和内容)。

第二，考核办法。成立考核验收小组。由市环保局牵头，监察局、农业局、水务水电局、建设局、卫生局、规划办、财政局、国土资源局、林业局、审计局等单位参加，对各责任主体饮用水水源保护区涉及生态补偿资金的整治项目进行验收考核。

第三，考核结果的应用。以乡镇(街道)为单位，每年考核一次，考核不达标的乡镇，对乡镇(街道)主要领导通报批评，对分管领导和相关责任人视情况予以问责；对考核达标的乡镇，予以通报表扬，可以奖励一定数额的工作经费；同时把考核结果作为乡镇政府绩效考核内容之一。

第七节 黄柏河流域生态搬迁补偿实施方案

一、指导思想与目标

黄柏河水源地(东支)流域生态搬迁以体现水源地库区人民历史贡献，提高贫困居民的生活水平，保障库区水生态环境，促进经济社会与水生态环境和谐发展为指导思想，遵循“贡献者受偿”的原则，对水源地库区居民进行异地扶贫搬迁。黄柏河流域生态搬迁的目标是通过政府对库区居民进行直接转移支付的方式，鼓励其易地外迁，降低库区人类活动影响，减少污染排放，提高库区水生态环境质量。

二、总体思路

黄柏河水源地(东支)流域生态搬迁补偿的总体思路是：通过一系列的住房、土地户籍、就业、社会保障和环境保护政策，在政府扶持和群众努力下，通过实施易地扶贫搬迁，改善迁出区的生态环境，为搬迁群众提供基本的生产条件和必要的生活设施，拓宽搬迁群众增收渠道，促进社会事业发展，稳定解决搬迁人口的贫困问题，提高水源地居民生活质量。

在住房政策上，实行政府提供和居民自建两种模式，政府可以为搬迁到城区的居民提供保障性住房，为集中安置点居民提供有产权的自有住房；农民自主兴建住房者，政府提供直接经济补偿和金融扶持。加强水源地户籍管理，鼓励水源地居民积极外迁落户，禁止内迁落户(婚嫁、自然出生除外)；土地政策上，对失地农民进行相应补偿，对易地搬迁者进行土地置换。对实施搬迁的居民在就业和社保方面给予政策照顾，一是对搬迁居民提供技能培训，并对搬迁居民的子女提供职业教育优惠政策；二是开展就业、创业帮扶，为搬迁居民提供就业岗位，出台鼓励和支持居民创业的优惠政策。根据户籍变动情况，实施差异化的社会保障政策，对保留农村户籍的搬迁居民，在享受原有社保福利的同时，对孤寡、智障等丧失劳动能力的，由当地政府统一集中供养，符合条件的生态搬迁移民(新建安置房不作为衡量条件)全部纳入低保；对转为城市户籍的居民，实行属地管理，与落户当地城镇居民享有同等的社会保障福利。在水源地制定水环境保护村民公约和水环境保护奖励制度，实施监督巡查和惩罚。生态搬迁补偿实施方案见图3-18。

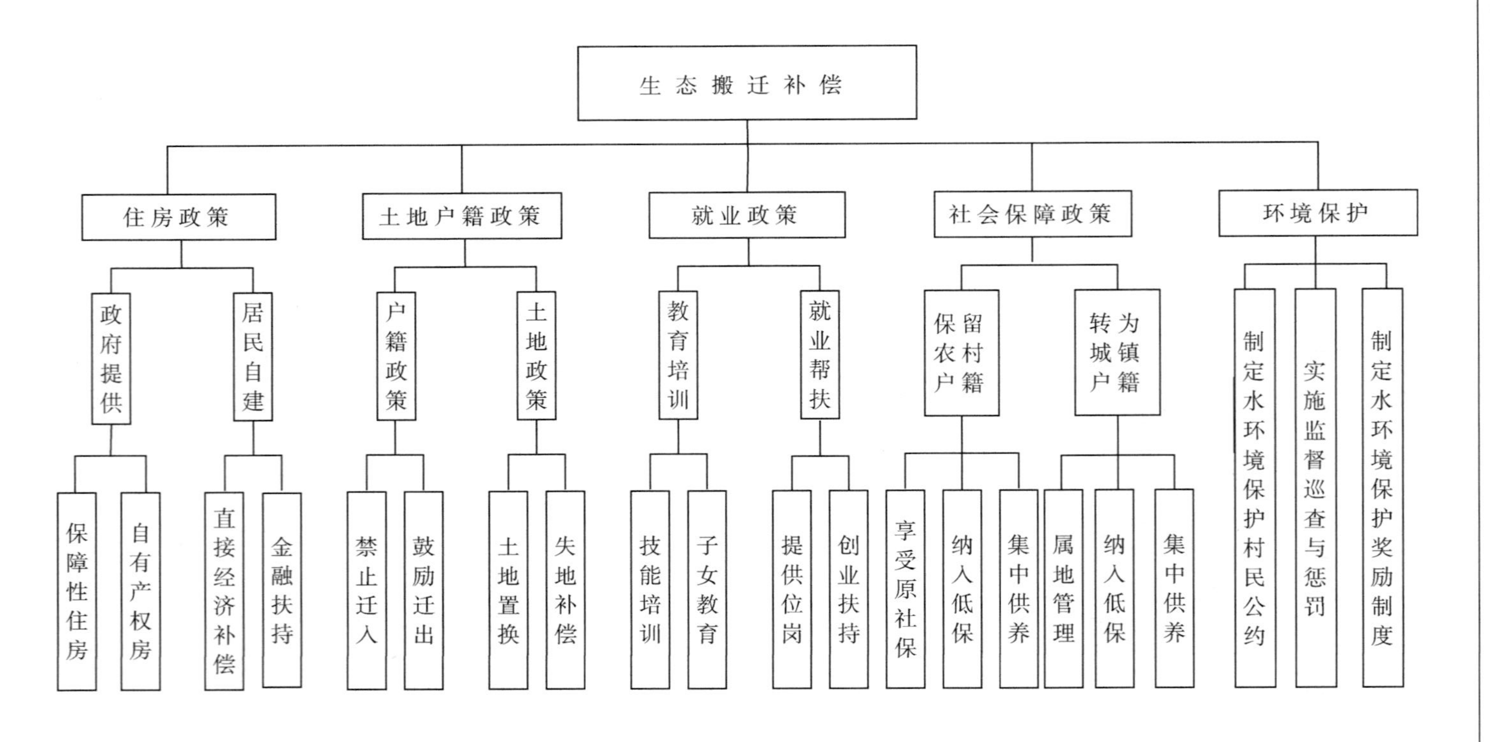

图3-18　生态搬迁补偿实施方案

三、补偿范围

黄柏河水源地(东支)保护区范围内的所有居民、企业都可以纳入生态搬迁政策范围，重点范围是天福庙水库、玄庙观水库、西北口水库等几个库区周边村组居民及企业，核心区域是西北口水库周边的2镇6村，即雾渡河镇的西北口、三隅口、交战垭村和分乡镇的插旗、界岭、棠垭村，现有4747户、14681人，其中移民3036人；西北口村是受库区影响最大最直接的核心村，共606户，其中移民119户共249人。另外，可根据对水库水质的影响程度，将库区周边的2镇6村划分为“核心区、直接影响区、非影响区”(可以组为界限)，便于有区别性地制定搬迁、补偿政策。核心区、直接影响区不宜划得太宽泛，非影响区要明确界定。搬迁对象在遵循自愿原则的基础上，优先考虑五保户、留守老人、孤寡老人等弱势群体。

四、补偿利益相关方和主客体界定

生态搬迁生态补偿主体包括宜昌市政府、远安县和夷陵区政府。宜昌市政府是黄柏河东支流域的主要管理责任主体，担负着流域的治理和社会公共管理职责，负责流域生态环境和自然资源的管理、配置和保护，扶贫同样是市政府重要工作职责。

远安县和夷陵区政府是黄柏河东支流域具体流经行政区，在宜昌市政府领导下对流域进行管理，负责流域水资源保护、管理，扶贫搬迁的具体政策和措施的执行；同时，由于流域涉及生态搬迁的主体区域位于夷陵区西北口水库，夷陵区政府的主体责任更加明确。

生态搬迁生态补偿客体为远安县和夷陵区政府以及搬迁居民。远安县和夷陵区，尤其是夷陵区雾渡河镇和分乡镇，为保护水源地不受破坏实施生态搬迁，放弃部分发展机会的同时，还面临水生态环境保护成本增加、压力增大的问题，因此需要得到相应的补偿。东支流域实施生态搬迁的居民为保护水源地水质做出了贡献，其生产和生活受到一定损失，需要得到一定的补偿。

五、补偿措施

1. 住房政策

根据移民搬迁形式，分为政府提供和居民自建两种模式。进入县城、工业园区安置的生态搬迁移民住房，按人均和户给予补偿，向移民户提供保障性住房，住建部门在进行廉租房规划和布局时，重点向实施移民的地区倾斜。

进入小城镇(集镇)和集中居民点安置的生态搬迁移民住房，可以实行政府提供自有产权住房，按户均建房占地面积进行补偿，每户移民配套建设一个门面或摊位、柜台；居民也可以根据自己的需求修建住房，政府给予直接经济补偿，并在地基划拨、手续审批等方面给予政策照顾，同时，由区(县)协调金融部门帮助农户申请建房贷款，对农户建房贷款给予贴息补助。

2. 土地户籍政策

土地政策。宜昌市政府负责统筹解决生态搬迁建设用地，用地指标单列管理，项目实施区(县)的国土资源部门负责具体实施；实行城乡用地增减挂钩，对原有宅基地复垦为耕地的，置换移民城镇建设用地指标由安置地政府统筹使用。减免办理土地征收使用等相关费用。涉及的征地、拆迁等问题由项目实施区(县)政府解决。对失地移民按统一标准给予经济补偿，对易地搬迁的居民进行土地置换；生态搬迁移民如流转了土地承包经营权，仍可继续享受政府原有各项支农惠农补贴和退耕还林政策。

户籍政策。在实施水源地生态搬迁的区域，严格户籍管理，禁止迁入户籍(婚嫁、新出生人口除外)，同时，鼓励水源地居民迁出，落户城镇、城区。

3. 就业政策

开展教育培训和就业帮扶，拓展扶贫生态移民就业途径，促进扶贫生态移民稳定就业。采取的主要措施包括对青壮年劳动力开展职业技术培训，为学历较低者以及生态搬迁居民适龄子女提供当地职业院校一定年限免费职业技能教育培训。鼓励建设项目和园区、企业用工优先聘用生态搬迁移民，对于吸纳一定比例生态搬迁移民稳定就业的企业进行税收减免；对自主创业的移民提供各级创业优惠政策和金融扶持等。

4. 社会保障政策

生态搬迁移民搬迁后保留农村户籍还是转为城镇居民尊重农民意愿。搬迁后转为城镇居民的，实行属地管理，与落户当地城镇居民享有同等的社会保障政策。搬迁后仍保留农村户籍的，生态搬迁移民在原住地享受的各项福利政策不变。对孤寡、智障等丧失劳动能力的，由当地政府统一集中供养，符合条件的生态搬迁移民(新建安置房不作为衡量条件)全部纳入低保。

5. 环境保护政策

在水源地制定水环境保护村民公约和水环境保护奖励制度，实施监督巡查和惩罚。制定水环境保护村民公约，通过与实施搬迁的水源地和未搬迁的水源地的村民签订保护公约，约束水源地居民，促进其保护水环境的意识和动力，对保护水源地的行为予以奖励。各级地方政府成立监督巡查制度，不定期对水源地搬迁及未搬迁的区域进行巡查，对破坏水环境的行为进行惩罚。

六、补偿金的构成

生态搬迁补偿金的来源主要是中央、省级和宜昌市扶贫搬迁专项资金，当扶贫资金不够支付对流域生态搬迁的补偿金额时，由宜昌市生态补偿基金弥补。

通过建立库区生态移民专项资金满足流域库区生态搬迁及补偿所需资金。资金筹措渠道包括：一是住建部门农村危房改造中央补助资金和扶贫部门农村扶贫搬迁危房改造补助资金；二是从西北口、尚家河电站水资源费中提取；三是从西北口、尚家河电站发电收入中提取；四是从湖北省返还给宜昌市三峡水务公司水资源费中提取；五是从从宜昌市排污费中提取；六是从流域磷矿开采矿产资源费中提取；七是从政府控股或入股磷矿企业获得的利润中提取；八是夷陵区政府配套资金。

七、保障措施

在前期西北口水库“两减一扶”等政策基础上，可考虑出台《宜昌市黄柏河水源地生态搬迁工程规划》，在此基础上，修订《宜昌市西北口库区经济社会发展规划》，同时，每年度可以制订详细的搬迁方案。

各区(县)成立领导小组开展移民搬迁补偿工作。以西北口库区为例，建议市政府成立以副市长为组长、夷陵区区长为副组长，区移民局、民政局、扶贫办领导参与的精干领导小组来推进西北口库区生态搬迁及补偿工作。

实施生态搬迁的移民，须遵循政府制订的生态搬迁规划，配合各级政府实施搬迁；按照水环境保护村民公约要求保护水源地生态环境，接受政府监督与惩罚。

实施生态搬迁项目所在乡镇负责对其辖区内的搬迁工作进行监管，宜昌市政府下属相关行政部门负责生态搬迁补偿方案的制订、规划，生态搬迁补偿核算规程和补偿标准的制定，具体的生态补偿核算，以及生态补偿资金的发放。

第八节　黄柏河流域矿山企业退出补偿实施方案

一、指导思想与目标

黄柏河水源地(东支)流域矿山企业退出补偿以淘汰磷矿产业落后产能，优化磷矿产业发展，政府与企业成本共担为指导思想，遵循“退出者受偿”的原则，对彻底关闭、技术升级、赎买与重组的矿山企业进行补偿。黄柏河流域矿山企业退出补偿的目标是通过关闭小型磷矿项目，减少分散污染排放源；通过磷矿采矿和选矿技术升级，减少单个污染源排放量；通过赎买与重组，发挥规模优势从整体上减少污染排放量。

二、总体思路

黄柏河水源地(东支)流域实施矿山企业退出生态补偿的总体思路是：按照“不达标企业强制退出、达标企业自愿退出，政府进行补偿”的原则，通过对磷矿企业进行强制关闭、技术升级或购买与重组的形式，一方面控制磷矿企业盲目扩大生产，从总量上控制流域磷矿生产，并逐步减少磷矿生产量，以使污染源逐步减少；另一方面严格磷矿企业的矿渣违规堆弃和污染排放，强化污染排放措施和管理。

磷矿企业彻底关闭的形式包括企业自愿关闭和根据制定的淘汰机制强制退出；在明确磷矿企业退出标准的基础上，由宜昌市政府实施对企业的强制退出，并对退出企业进行相应补偿，包括人员安置、资产清理等。通过对企业实施“金融扶持、政策支持和项目扶持”的补偿措施，鼓励企业通过技术升级，提高生产工艺水平，新建或改善污水处理设施等方式减少流域磷污染排放。通过兼并重组或政府赎买的方式，淘汰低效能、高污染的分散小型企业，推动规模化、集团化、集约化生产，以加强对磷矿企业的监管，并控制污染物排放量。磷矿企业退出生态补偿实施方案见图3-19。

三、补偿范围

补偿范围和对象为在黄柏河水源地(东支)流域内进行磷矿开采、选矿、石材开采加工等的单位和个人。按照“政策引导、政府补偿、不达标企业强制退出、达标企业自愿退出”的思路，对高能耗、重污染、低效益企业退出进行补偿，对技术升级的企业在设备升级替换、新建或改善污水处理设施等方面进

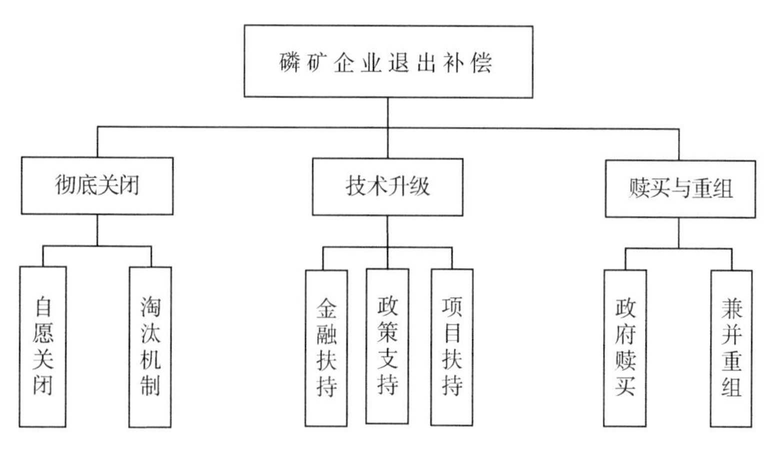

图 3-19　磷矿企业退出生态补偿实施方案

行补助。

四、补偿利益相关方和主客体界定

宜昌市政府负责对东支流域内市属或市管矿山企业的退出进行补偿，包括重点支持购买产能、设备升级替换、小企业关停补贴等措施。远安县和夷陵区政府是黄柏河东支流域具体流经行政区，负责对宜昌市矿山企业退出生态补偿政策和措施的落实、执行，同时负责对各自管辖范围内的矿山企业进行补偿和监管。黄柏河东支流域磷矿企业主要分布在樟村坪镇和荷花镇境内，对辖区内的磷矿企业，两者承担主要的监管责任，对镇属企业也负有直接的监管责任。

补偿客体主要为退出生产的矿山企业。宜昌市各级政府对东支流域内通过实施"关停、转让、兼并、重组"等退出生产的矿山企业进行补偿，补偿其为水生态环境保护付出的一定成本。樟村坪镇和荷花镇政府也是矿山企业退出生态补偿的客体，两者参股、控股了一定数量的磷矿企业，实施矿山企业退出生产造成了它们一定的损失。

五、补偿措施

彻底关闭。磷矿企业彻底关闭的形式包括企业自愿关闭和根据制定的淘汰机制强制退出。市政府制定磷矿企业彻底关闭的相关补偿内容和标准，对自愿关闭的磷矿企业，可以选择直接的经济补偿，也可以根据企业发展需求，选择政策和项目等补偿方式；制定专门针对落后产能的动态的强制淘汰标准，对流域内磷矿企业的生产规模、生产标准、排污标准等指标进行规定，作为强制退出生产的硬指标。根据宜昌市政府颁布的《关于加强黄柏河东支流域磷矿开发利用环境监督管理的意见》，短期内，年开采规模小于15万吨的企业均为淘汰对象。严格执行该意见，停止审核30万吨/年以下的采矿项目；同时，制定详细的时间路线和方案，逐步关闭15万吨/年以下的采矿项目。

技术升级。技术升级补偿是指政府为那些不属于强制淘汰范围，也不打算自愿关闭的企业，在改造开采技术，提高生产工艺水平，新建或改善污水处理设施以及企业转型升级等方面，给予金融、政策和项目方面的扶持，帮助磷矿企业实现技术升级，从而达到控制磷矿开采总量，减少磷污染排放量的目标。对通过技术改造实现节能节水、减少排污或实现污染数量和浓度达标排放的矿山企业，各有关单位在安排产业技术进步专项资金、节能与清洁生产专项资金、科技计划项目与科技研发资金等产业发展资金时，给予优先安排资金支持。

兼并与重组。鼓励和支持磷矿企业实施兼并重组，提高规模效益和管理水平；同时，扶持和培育优势企业，提高产业集中度，促进落后产能加快退出。兼并与重组可以分为两种形式。一种是单纯的市场竞争行为，市场参与主体之间自由竞争，实现磷矿企业间的兼并与重组；另一种方式是政府成立专门企业负责对磷矿企业进行赎买。目前，东支流域磷矿开采和生产企业较多，规模大小、资质水平、技术实力等存在不小差异，政府可以出台相关指导意见，在企业兼并重组的申报、审查、授权、登记等方面制定优惠政策，鼓励流域磷矿企业通过承担债务、控股、授权经营、合并等形式进行兼并重组，发挥规模化、集团化生产的优势。各级地方政府可以成立国有控股的企业，专门负责对流域磷矿企业的赎买，实现企业的国有化；对赎买的企业根据实际情况决定发展方向，如赎买后实施退出，政府负责原企业的工人安置、物质清理等工作。

六、生态补偿金的构成

矿山企业退出补偿资金可从采矿权价款、企业缴纳的矿山地质环境治理保证金、矿产资源补偿费和省以及国家专项治理资金几个方面筹措。

七、保障措施

完善法规制度。宜昌市应加快制定和出台黄柏河东支水源地矿山企业退出补偿相关的法规制度。具体操作上，可考虑出台《宜昌市黄柏河东支水源地矿山企业退出补偿制度实施办法》，也可以在《宜昌市黄柏河东支水源地生态补偿机制试行办法》中分别对水源地生态补偿、矿山企业退出补偿和生态移民搬迁等做出规定。

建立矿山企业退出生态补偿管理与协调体制。成立联席会议办公室或专项小组负责统筹推进、督导检查矿山企业退出生态补偿机制工作。

提高强制退出标准，加快污染重、产值低的企业有序退出。一是严格按照矿山企业退出标准淘汰落后企业，对不按要求退出的企业，环保、水利、国土、电力和工商等部门可以采取惩罚措施，如环保部门可以依法吊销其排污许可证。二是严控新增产能，按照“产能等量置换”原则，在淘汰一批的基础上，再新上一批。

八、监督管理

实施关闭的磷矿企业须对原生产原料、设施等进行合理处置，做到停产后不产生污染物，配合政府做好矿山的修复治理；实施技术升级的磷矿企业的主要职责是根据补偿要求，将补偿资金专款专用，投入技术改造、排污设施建设、规范生产行为等减少污染排放量的地方。同时配合环保部门和水行政主管部门对技术升级的效果进行监管。

磷矿企业或项目所在乡镇负责对其辖区内彻底关闭的磷矿企业进行监管，宜昌市政府下属相关行政部门负责制定磷矿企业退出补偿的淘汰机制、补偿内容和标准，以及生态补偿核算和生态补偿资金发放。

第九节 黄柏河流域水环境生态补偿方案

一、指导思想与目标

黄柏河水源地(东支)流域水环境生态补偿针对流域内磷污染产生、输移与富集过程，以上下游联动、责任明晰、奖优罚劣为指导思想，遵循“污染者限产，失职者受罚”的原则，旨在通过奖赏与惩罚措施加大磷矿企业和磷矿项目所在乡镇对磷污染减排和治理的责任。流域水环境生态补偿的目标在于通过明确上下游同级行政区之间、企业之间水环境保护行为和污染责任，并进行相应补偿和奖惩的方式，提高流域地方政府、企业对流域水环境保护的积极性和能力，从而控制和减少流域污染物排放总量。

二、总体思路

黄柏河水源地(东支)流域水环境生态补偿的总体思路是：通过完善东支流域企业排污口监测、支流乡镇断面监测和干流主要水库出库断面监测三级监测系统，实现黄柏河流域磷污染产生、输移与富集的全程跟踪。在明确企业排污口监测断面和支流乡镇监测断面的水质考核规程和生态补偿金的核算标准的基础上，由宜昌市政府实施对企业和乡镇政府生态补偿金的扣缴与发放。通过对企业实施“超排限制开采，减排资金补偿”的生态补偿措施，鼓励企业通过技术改造、控制产量、修建污水处理设施等方式减少流域磷污染排放。通过对磷矿项目所在乡镇实施断面监测与考核，对其实施财政扣缴与补偿，落实乡镇政府对辖区内磷矿项目的偷排和矿渣乱堆乱弃的监管责任，规范磷矿污染排放行为。最后，市政府和流域相关管理机构通过干流主要水库出库断面监测与评估，总体保障水源地水体达标，并动态调整企业排污口和支流监测断面的考核标准。黄柏河流域水环境生态补偿实施方案见图3-20。

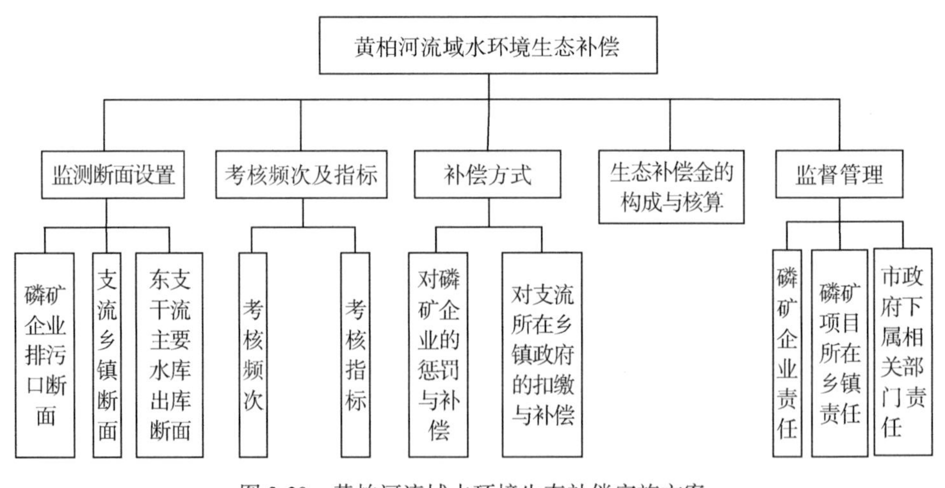

图3-20　黄柏河流域水环境生态补偿实施方案

三、补偿范围

黄柏河水源地(东支)流域开展水生态环境补偿的范围主要是东支上游地区，具体包括玄庙观水库、天福庙水库和西北口水库的东支干流和主要支流区域。

四、补偿利益相关方及主客体界定

磷矿企业。黄柏河水源地(东支)流域的14条主要支流是宜昌磷矿企业的最主要集中分布区域，是流域磷、硝化物污染的主要来源。因此，开展流域水生态环境补偿必须将磷矿企业排污纳入考核范围，以企业排污断面监测的数据作为补偿的参考依据，对排污控制达标的企业进行奖励，对排污超标的企业进行处罚。

夷陵区和远安县政府。黄柏河水源地(东支)流域有14条主要支流，其中有9条非跨界河流，5条是跨界河流；樟村坪与荷花镇有3条跨界河流，雾渡河镇与荷花镇、荷花镇与分乡镇分别有1条跨界河流。夷陵区和远安县政府作为区域管理者，在承担流域水生态补偿主体责任的同时，还具有成为补偿对象的资格。

流域管理行政机构。黄柏河水源地(东支)流域涉及的管理机构包括宜昌市水利水电局、市环保局、国土资源部门和区(县)水利、环保、国土资源部门，以及黄柏河综合管理局、综合执法局等部门，以上行政机构都具有一定的管理职责，也是流域水生态环境补偿的相关利益方。

宜昌市政府。宜昌市政府是黄柏河水源地(东支)流域的主要管理责任主体，担负着流域的治理和社会公共管理职责，承担流域水生态补偿的主体责任。

五、补偿措施

1. 监测断面设置

根据生态补偿的需要，磷污染监测断面分为三个层次予以设置，即磷矿企业排污口断面、支流乡镇断面和东支干流主要水库出库断面。

磷矿企业排污口断面。在磷矿企业审批的排污口处设置在线监测断面，用以实时监控各磷矿企业污水水质达标情况，从而确定对企业的奖罚措施。

支流乡镇断面。东支流域有14条重要支流，需根据每条支流流经行政区域及汇入水库区域情况设置断面。因此，断面的设置分为两种情况：一种是整个支流及入库口都在同一乡镇，则仅在汇入口处设置监测断面，此类断面共有9个。其中源头河、董家河、西汊河、栗林河、黄马河和黑沟入库监测断面位于夷陵区樟村坪镇；干沟入库监测断面位于远安县荷花镇；考成河和玉林溪入库监测断面位于夷陵区雾渡河镇。另一种是支流流经不同乡镇的，除在支流入库口处设置监测断面外，还需要在乡镇行政区域交界处设置监测断面，供需设置10个监测断面。其中晒旗河、桃郁河和神龙河上游位于樟村坪，下游位于荷花镇，因此需要设置6个支流监测断面；盐池河上游位于夷陵区雾渡河镇，下游位于远安县荷花镇，需要设置2个监测断面；淹伞溪上游位于荷花镇，下游位于夷陵区分乡镇，需要设置2个监测断面。

东支干流主要水库出库断面。在东支干流尚家河水库以上，需在玄庙观、天福庙和西北口3个水库出库区域设置监测断面，作为整体监测干流水质总体情况的断面。玄庙观和天福庙水库监测断面的区域位于远安县荷花镇，西北口水库监测断面位于夷陵区雾渡河镇。

2. 考核频次及指标

考核频次。磷矿企业排污口和支流断面都要求实现在线实时监测。同时，参考宜昌市政府颁布的《关于加强黄柏河东支流域磷矿开发利用环境监督管理的意见》，磷矿企业排污口和支流监测断面考核周期为每10日1次，每月3次。东支干流主要水库出库断面主要用于对流域总体水质的监测和评价，不作为考核地方的依据。其主要作用在于依据不同季节对水源地水质的要求，实施对企业排污口和支流断面执行标准的动态调整。

考核因子。磷矿企业排污口和支流乡镇断面考核主要在于监控企业和沿岸的磷和硝化物排放状况，因此考核的因子主要为氨氮(t/a)、硝氮(t/a)和总磷(t/a)。东支干流主要水库出库断面考核执行国家地表水环境质量标准(GB3838—2002)中的Ⅱ类标准，但可根据黄柏河东支流域磷矿生产及污染的现状，对磷矿污染及相关部分指标进行调整。

考核标准。磷矿企业排污口考核标准根据支流所能容纳的污染物排放总量制定，支流断面的考核标准根据各水库及干流可容纳的污染物排放总量制定。其中，支流断面考核标准可略大于流域内企业排污口污染物排放量的总和；而跨越两个乡镇的支流断面需要根据不同支流上下游水环境容量及磷矿企业的产量确定考核标准。

3. 补偿方式

对磷矿企业的惩罚与补偿方式。在明确磷矿企业排污口排放标准的前提下，对于磷矿企业由于控制产量、技术改造、修建防污治污设施而低于考核标准排放的部分，政府在扣缴的金额中予以一定的补偿，鼓励企业控污。对于超过考核标准排放的企业，根据宜昌市政府颁布的《关于加强黄柏河东支流域磷矿开发利用环境监督管理的意见》，对企业年度磷矿开采量进行调减。同时，如果磷矿企业存在偷排和矿渣随意堆弃行为的，一经发现也要对其产量进行调减。

对乡镇政府的扣缴与补偿方式。市政府和流域管理相关机构对于各支流责任断面内出现超标排放的乡镇政府，按考核标准和生态补偿标准扣缴一定额度的生态补偿金，主要用于鼓励磷矿企业和支流所在政府采取截污控污措施。黄柏河东支支流乡镇政府负有监管其辖区内磷矿企业偷排、矿渣清理和修建相关控污治理设施的责任。因此，对于严格履行其职责并将断面排放控制在其考核标准以下的乡镇政府，要给予一定的奖励补偿。

六、补偿金的构成与核算

生态补偿金的来源主要是对未达到支流断面考核标准的相关乡镇的财政扣缴。当宜昌市财政扣缴的生态补偿金不够支付对各乡镇和企业的生态补偿奖励时，从宜昌市生态补偿基金中弥补。

根据水污染防治的要求和治理成本，确定氨氮(t/a)、硝氮(t/a)和总磷(t/a)的生态补偿标准。生态补偿金由各考核监测断面的超标(或减少)污染物通量由生态标准确定，超标(或减少)的污染物通量由考核断面水质浓度监测值与考核断面水质浓度责任目标值的差值乘以旬考核断面水量确定。

七、监督管理

磷矿企业的主要职责是承担社会责任，通过技术改造、排污设施建设、规范生产行为减少污染排放量。同时配合环保部门和水行政主管部门设置排污口在线监测设施。磷矿项目所在乡镇负责对其辖区内磷矿企业的排污口设置和违规排放的监管，以及对磷矿企业矿渣乱堆乱弃等方面的监管。

宜昌市政府下属相关行政部门负责磷污染补偿水质监测方案的制订、水量监测数据质量保证及管理、生态补偿核算规程及补偿标准的制定、具体的生态补偿核算，以及生态补偿资金收缴和发放工作。

第十节　黄柏河流域生态补偿保障措施

为确保宜昌市黄柏河水源地(东支)流域生态补偿政策的顺利实施，综合考虑流域实际情况与需求，本书从组织协调机制、资金筹措与运作机制和制度保障机制三个方面构建了黄柏河水源地(东支)流域生态补偿实施机制总框架

(见图 3-21)。

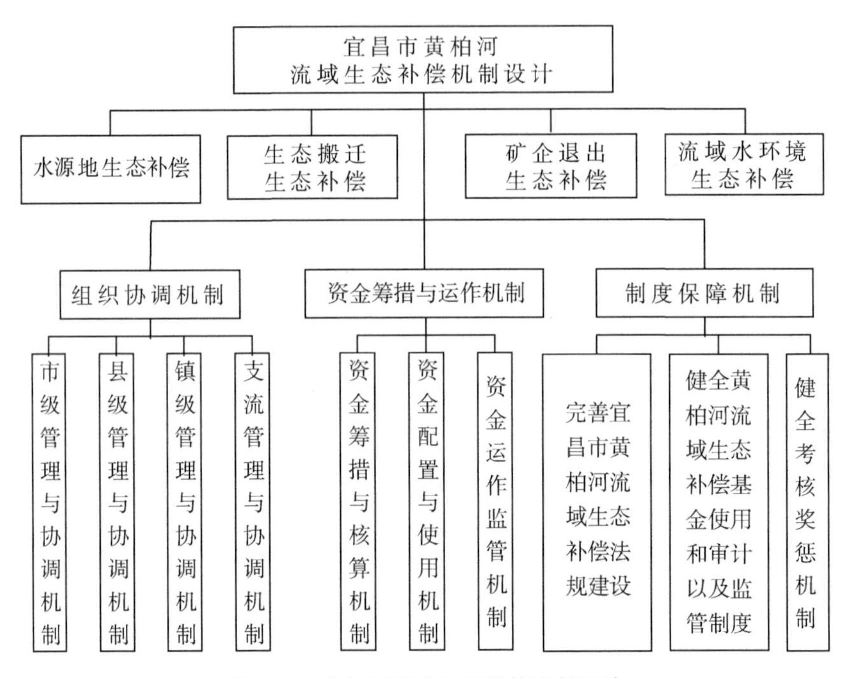

图 3-21　黄柏河流域生态补偿机制设计

一、生态补偿组织协调机制

根据管辖范围，黄柏河水源地(东支)流域生态补偿组织协调机制共分为 4 级。由宜昌市发改委、财政局、水利水电局(黄柏河流域管理局)和环保局等相关职能部门共同组建黄柏河水源地(东支)流域生态补偿市级管理与运行办公室，负责管理和协调整个(东支)流域的生态补偿工作。主要负责：研究制定(东支)流域生态补偿的方针、政策和具体实施措施；协调市水利水电、财政税务、移民扶贫和环保等部门权责关系；制定生态补偿基金的筹措渠道、方式，补偿资金的管理、使用办法和监督措施；执行国家、省级生态补偿相关政策与决策，申请中央、省级环保专项、扶贫专项或生态补偿等专项资金；协调解决流域生态补偿的争议和纠纷问题。

远安县和夷陵区各自成立流域生态补偿县级管理与运行办公室。主要负责：执行流域生态补偿市级管理与运行办公室制定的流域生态补偿方针和政策，同时也可研究、制定管辖区域内实施生态补偿的县级政策与具体措施。

樟村坪镇、荷花镇和分乡镇等乡镇可以分别成立镇级流域生态补偿管理与运行办公室。主要职责是具体负责执行市、区(县)制定的生态补偿政策和措施，对辖区内的流域生态补偿工作进行日常管理和处理；申报生态补偿项目；按规定从受益部门征收生态补偿税费；执行监督和监测工作等。

部分跨界支流可考虑成立支流生态补偿管理与协调办公室，由支流上下游村、镇负责管理和协调支流的流域生态补偿工作。

二、生态补偿资金筹措与使用机制

流域生态补偿资金筹措与使用机制包括资金筹措与核算机制、资金配置与使用机制以及资金运作监管机制三个方面。

1. 资金筹措与核算机制

流域生态补偿资金筹措与核算机制主要包括生态补偿资金的筹措渠道、方式和生态补偿标准核算方法体系。流域生态补偿资金筹措渠道一般包括中央或省级专项资金、市和区(县)级财政资金、用水户缴纳的水资源使用税费、环境破坏者缴纳的排污税费等渠道。

主要筹措渠道包括：①市、区(县)的水资源费，如西北口、尚家河电站水资源费，城区和东风渠灌区用水户缴纳的水资源费，以及湖北省返还给宜昌市三峡水务公司的水资源费；②宜昌市排污权有偿使用费；③各类中央补助资金，如住建部门农村危房改造中央补助资金和扶贫部门农村扶贫搬迁危房改造补助资金；④流域磷矿企业缴纳的采矿权价款、矿山地质环境治理保证金、矿产资源费；⑤市、区(县)和乡镇控股、经营或入股磷矿企业获得的利润；⑥市、区(县)的财政预算及配套资金；⑦市场投资资金；⑧社会捐助等。

生态补偿核算制度的建设主要内容包括：从受益于水生态环境的物质价值和生态功能性服务价值两个方面明确水生态价值核算的细目，建立包含生态补偿核算细目的绿色国内生产总值、水利和国民经济发展、社会效益等统计申报体系，建立科学合理的生态补偿核算制度。此外，需要按照现行的政府职能机构结构，安排市财税部门会同市、区(县)统计、审计职能部门协调实施生态补偿的核算，负责生态补偿资金的标准制定、征收、分配和使用。

2. 资金配置与使用机制

资金配置与使用机制是为了保障生态补偿资金能够有效使用，对为水生态环境保护而做出牺牲和贡献者进行公平、合理的补偿与奖励，同时又能通过资本化的经营使补偿资金带动流域经济发展。

在生态补偿资金配置上，要保障黄柏河流域水源地生态补偿、生态搬迁、矿企退出生态补偿和流域水环境生态补偿几个目标顺利实现，将补偿资金合理地进行分配。在生态补偿资金使用上，可以将生态补偿资金分为“输血型”和“造血型”两种使用模式。“输血型”资金主要用于生态搬迁费用、补偿水环境保护利益受损者、水源地防污控污基础设施建设等公益性生态项目；“造血型”资金则主要用于非公益性且具有增值效应的生态产业、节能减排技术等项目。

3. 资金运作监管机制

为保证生态补偿资金能够安全、高效率地运行，防止生态补偿资金出现因寻租或改变用途导致资金运作低效率、无效率问题，有必要建立有效的黄柏河生态补偿资金运作监督机制。

生态补偿资金运作监管机制包括：第一，建立流域生态补偿资金监督委员会，由市环保、财税和审计等主管职能部门牵头，负责监督生态补偿资金的使用；第二，制定流域生态补偿监督机制，规定资金的监督机制、信息公开制度、补偿项目公开申请和评审制度、生态补偿资金实施与运行报告制度；第三，建立公众参与监督制度，使流域生态补偿资金使用监督体系社会化、民主化，降低监管成本、提高监管效率。

黄柏河流域生态补偿资金筹措与使用方案见图3-22。

三、流域生态补偿制度保障机制

宜昌市应加快制定和出台与黄柏河东支水源地水生态补偿制相关的法规制度，完善开展水源地生态补偿的制度依据。具体法规上，可考虑出台《黄柏河东支水源地生态补偿机制试行办法》《黄柏河流域水资源保护管理办法实施办法》以及《黄柏河东支水源地生态补偿资金收缴和使用管理办法》等法规，健全生态补偿资金使用、审计与监督管理制度。一方面，建立生态补偿资金专用账户，将各渠道筹集的生态补偿资金列入市公共财政专户进行专项管理；另一方面，建立以市财政、审计与环保主管机构为核心的生态补偿资金使用、监督与审计体系，组织各区(县)主管部门、乡镇政府每年定期或不定期检查。与此同时，健全考核和奖惩机制，将流域水生态补偿工作纳入各级政府年终考核指标，进行奖优罚劣。

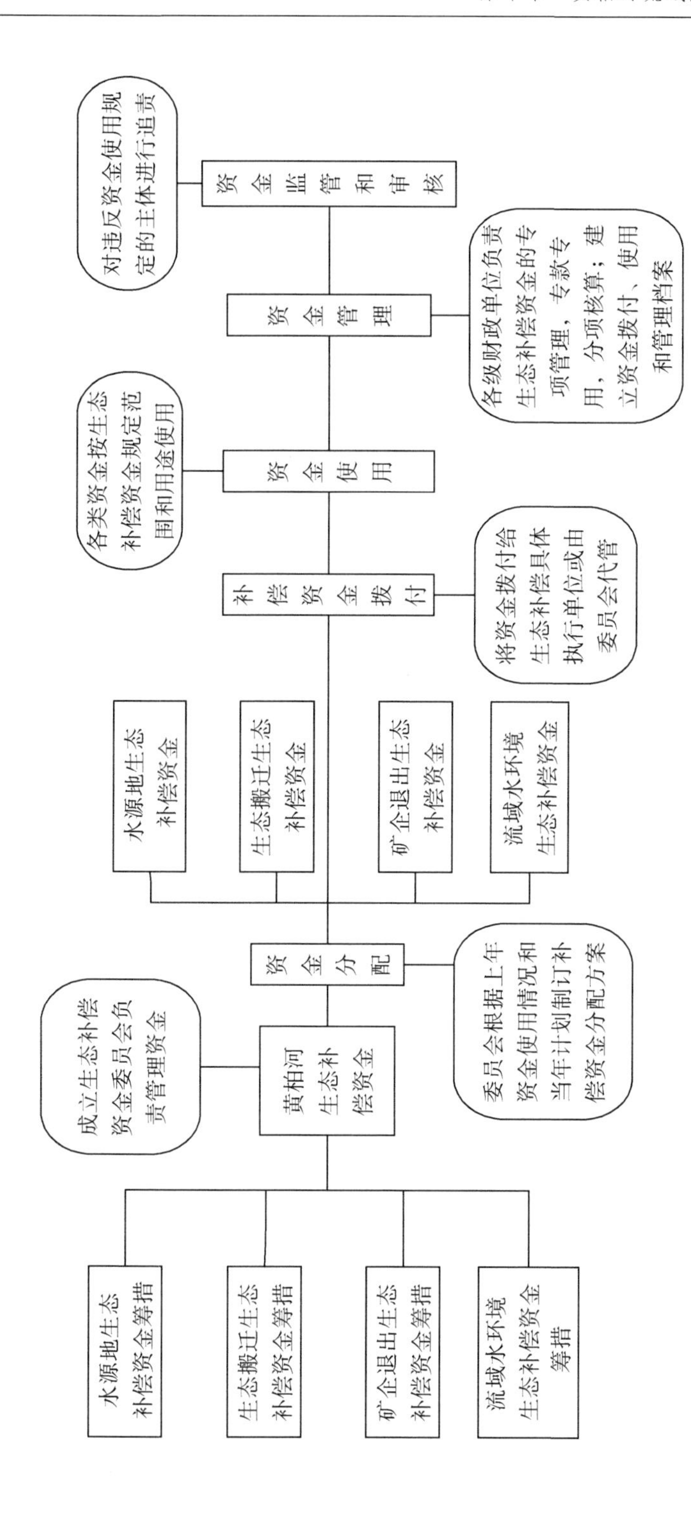

图3-22　黄柏河流域生态补偿资金筹措与使用方案

第十一节 黄柏河流域水资源保护综合管理体系构建

一、水资源保护综合管理的目标

黄柏河流域水资源保护政策制定的总体目标为，明确黄柏河流域水生态与环境损害者、保护者、受益者与管理者之间的利益与责权关系，加强流域综合管理，提出一套能够协调各责任主体水资源保护成本与收益的补偿机制，以及“谁污染，谁付费”的流域污染物排放监管机制，进而明确各责任主体在流域综合管理中的责任与职能，促进黄柏河流域水环境改善。

为了实现这一总体目标，本研究需要实现如下几个具体目标：(1)制定黄柏河流域综合管理的目标与制度框架，明确流域管理机构的责任与职能。(2)制定黄柏河流域截污减排制度，出台黄柏河流域水质断面监测与考核制度，出台流域污染物排放许可与总量控制制度，明确流域沿岸各级地方政府在水资源保护中应承担的责任与职能。(3)开展流域生态补偿，调整水资源保护中各利益相关方的权责。制定黄柏河上游磷矿行业生态补偿方案框架，明确其在流域水资源保护中应承担的责任与义务；制定磷矿企业退出补偿机制，制定西北口水库库区生态搬迁的补偿实施方案框架。

二、水资源保护综合框架

为了实现黄柏河流域水环境保护和社会经济可持续发展，黄柏河流域水资源保护政策可包括如下几个部分：

1. 基于“河长制”的流域综合管理制度

首先，应制定保障流域综合执法局工作开展的相关实施方案，确保行政机关在流域范围内的统一行政执法权力，实现流域水资源保护的综合管控。其次，制定适应黄柏河流域水资源保护需要的“河长制”，明确河长制的组织结构和各行政部门及各级政府在水资源保护中应承担的监督与管理责任。再次，通过出台“河长制”考核管理办法，明确各级“河长”的评估方案与考核指标，将考核结果纳入各级政府年度评价体系。最后，还要颁布“河长制”的实施方案。

河长制管理体系建设旨在通过构建河长制的管理体制、河长制的制度体系、明确河长的职责、设立河长公示牌，保障黄柏河东支流域水源地保护长效机制的实施。

在黄柏河流域设置市、县、镇、村四级河长制(见图 3-23)。黄柏河流域河长由市政府主要负责人担任，并牵头成立由市水务局、发改委、环保局、财政局、经信委、农业局、住建局、宣传部、公安局、国土局、交通运输局、林业局、卫生局、工商局、旅游局、樟村坪镇人民政府和荷花镇人民政府参加的“河长制”管理办公室，办公室设在宜昌市水利水电局；建立黄柏河东支流域河道管护联席会议制度，定期和不定期召开联席会议，协调相关事宜。在樟村坪镇和荷花镇，由各镇政府主要负责人担任一级河段长，流域内下属各行政村负责人为二级河段长。

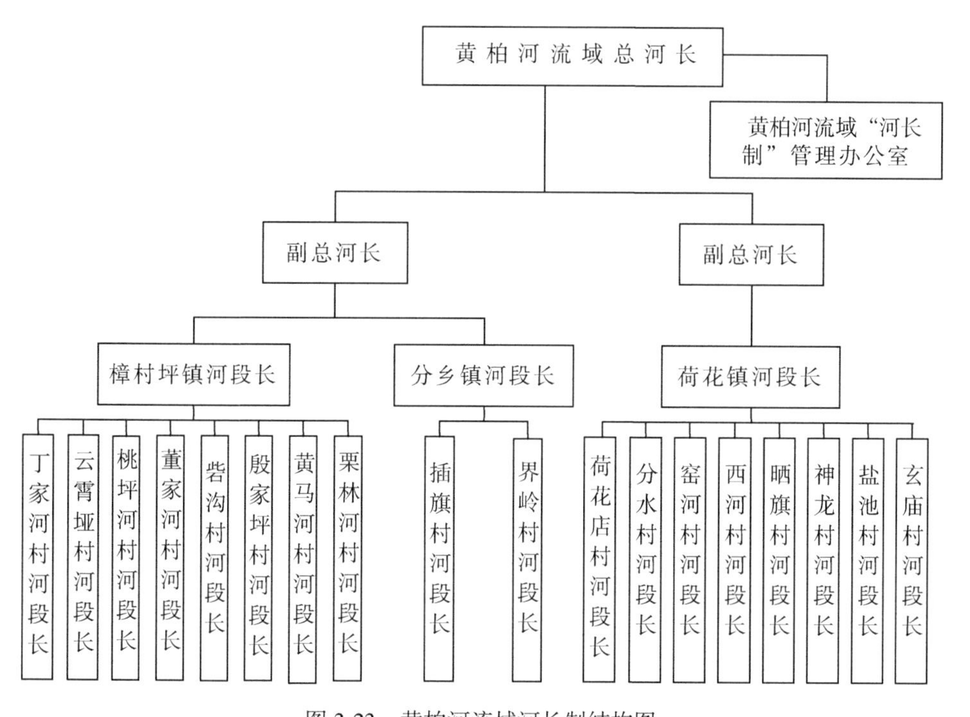

图 3-23　黄柏河流域河长制结构图

河长的主要职责为对黄柏河流域水资源保护管理负总责。组织相关职能部门成立“河长制”办公室，并指导日常工作开展，筹集资金，抓好建设；负责主持制订各工程规划和行动计划；接受宜昌市政府对试点工作的考核。

“河长制”办公室的主要职责为统筹协调制订黄柏河东支流域水资源保护的任务安排计划，并将建设任务分解到各个职能部门；负责工程施工资金的安排、施工检查与监督；组织召开联席会议，协调解决试点建设过程中的问题；检查、督促、落实建设任务的完成；协调制定各类制度，拟定考核办法并组织实施。

一级河段长负责配合解决工程施工中的问题；负责监督和检查二级河段长对其职责的履行和实施，并对其进行年度考核。二级河段长负责辖区内管理行动的具体落实以及辖区内工程设施的维护。

黄柏河流域河长制管理任务见图 3-24。

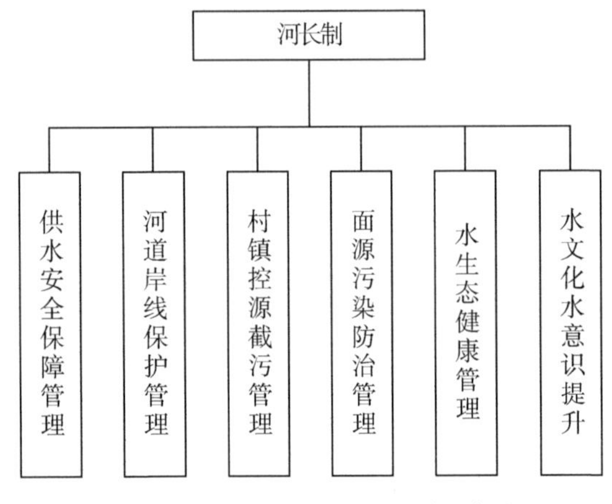

图 3-24　黄柏河流域河长制管理任务

实施河长制需完善制度体系保障，试点期内规划构建以下制度：制定并出台《黄柏河东支流域“河长制”管理办法》；出台《黄柏河东支流域“河长制”实施方案》，对各河段在试点期内的任务进行具体分解，并与各河段长签订责任书；制定并出台《黄柏河东支河道及岸线管护联席会议制度》；制定并出台《黄柏河东支“河长制”考核办法》。

黄柏河东支流域各村级河段制作和树立《“河长制”管理公示牌》。公示牌标明河道基本情况、河长姓名和电话、河长职责等内容，并树立在河岸醒目位置，接受来自社会的监督、投诉和举报。

2. 流域排污许可与总量控制制度

首先，要补充完善现有的排污许可证制度。设计符合黄柏河流域的磷矿企业排污监控的信息收集、处理、传递、存储、利用和评估机制；企业定期提交自测报告，流域综合管理部门核查企业是否按自测方案实施监测，并如实记录和报告。设立鼓励磷矿企业达标排放和进一步减少污染物排放的奖惩和问责制度。设立磷矿企业排污许可的核查与监测制度。其次，要分别在黄柏河干流和西北口库区上游支流设立水质断面监测与考核制度。对各级政府分别设立考核断面和负责监管的流域，明确水质断面监测执行标准和频次。最后，要制定黄柏河流域污染物总量控制管理办法。结合区域流域环境质量状况、污染源达标状况和消减潜力，通过核发排污许可证将主要污染物总量的控制指标按年度分解到各排污者。同时，针对黄柏河流域磷污染超标的现状，制订总磷排放的消减计划，适时向社会公众公布，接收公众监督，并建立污染物总量监督与考核制度。

(1)排污许可证的定位和目标

排污许可证是政府对点源的执法文件，也是排污者的守法文件。对已有污染源，载明该污染源需要遵守的排污申报、排放标准、排放监测方案、达标的判别标准、排污口设置管理、环保设施监管、排污收费和限期治理等制度规定以及违法处罚等所有规定；对于新污染源，根据环评、“三同时”的结论，载明该污染源的环境管理规定。

排污许可证制度的直接目标是促进点源的“连续达标”排放，连续的时间尺度至少是日尺度；中间目标是入河排放量控制；最终目标是水体健康(水质达标)及受体得到保护。

(2)排污许可证制度设计的具体原则

法规的权威性和协调性原则。排污许可证制度需要健全的法律法规制度作为保障，同时还需要与其他政策相协调。

管理体制合适性原则。排污许可证制度主要是基于外部性设计。

处罚机制合适性原则。排污许可证制度对违法者处罚须明确而严格，具有威慑力；同时也必须是过罚相当。

执行能力相匹配原则。排污许可证制度正常运行需要足够完善的监测、核查和问责能力，并要求较高的企业环境管理水平。

长远设计、近期效果和逐步完善原则。排污许可证制度是一种长期的制度模式，需要分步骤实施，在现有管理能力下，主要以实现管理效果最佳为目的，而随着管理能力和需求的提高，制度会持续改进。

(3)排污许可证制度框架

黄柏河东支流域排污许可证制度的管理对象是，流域内全部排入天然水体的点源。宜昌市环保局直接负责流域内的大型矿山企业点源排污(工业大点源)和城市污水处理厂管理，区(县)政府负责排入黄柏河流域的小点源和所有排入城市污水处理厂的点源。

宜昌市政府在黄柏河东支流域排污许可证制度框架内负更大的责任。市政府主要承担河流水质监测，大点源许可证审核、颁发(市政府可以委托县级环保局进行以上工作，但需拨付专项资金予以支持)，污水处理厂建设补贴，注册环境管理工程师制度建设和已有政策整合等工作。

(4)排污许可证管理机制框架

许可证管理机制包括申请、起草、公示、批准、发放、核查和问责、许可证的更新、运行资金机制等内容。企业主动依据排污许可证制度法规向管理部门申请排污许可证，管理机构经过审核批准和发放给企业对应类型和有时间期限的排污许可证，达到规定排污期限后，企业需要进行更新。在排污许可证机制运行过程中，负主要责任的主管部门需对企业和下级管理部门进行核查和问责，对不达标的企业进行惩罚，对工作成绩突出的下级部门进行奖励。

宜昌市环保局负责提供分类的许可证文本模板(导则)。许可证文本内容包括：排污单位需要遵守的法律法规、排放浓度(每日最大值、最小值、平均值等)、污染物排放量(日、月、季、年均排放量，日最大排放量等)、监测方案(监测频次、监测点位、监测方法、数据处理方法等)、监测方案设计导则(管理需求、管理能力)、守法标准(合理排放水平、合理超标范围)和持续改进的方式(许可证的更新)。

(5)许可证申请、审查评估和起草

许可证申请。申请者按照导则要求向市环保局提交申请书和证明材料，包括许可证申请书、环评报告书、生产工艺和生产规模材料、排放状况、监测记录和监测报告、相关的专家论证报告和污染源减排规划等。

许可证审查评估和起草。许可证审查评估由市环保局组织开展。审查评估的依据是文本模板(导则)、申请者提供的证明材料，而监测方案是审查评估的重要内容。依据所有法规起草许可证。

(6)许可证处罚的实施机制和所得资金处置

宜昌市环保局对区(县)环保局的核查和问责内容包括：①经济处罚：管理资金；②严重时可收回管理权；③问责依据：委托代理合同。宜昌市环保局对排污单位的核查和问责内容包括：以经济处罚(罚款)为主，严重时应追究其刑事责任，但可由区(县)环保局代替执行。核查和问责依据为：①企业污染设施运行和排放监测记录；②监察和监督性监测。市环保局还负责对注册环境管理工程师进行管理，处罚内容包括警告、通告、资格证书的降级、吊销，造成事故的可追究民事及刑事责任。

排污许可处罚实施机制主要包括处罚程序的递进、处罚力度的递进和处罚的裁量三个方面。排污许可证处罚所得资金处置方式有：上缴财政，列入财政预算，但不作为执法单位的收入；对企业的守法援助，如提供法律文件和提供法律咨询；对做出贡献的环保团体或个人给予奖励。

(7)许可证的更新

许可证更新主要有两个考量标准，一是排放标准和环境管理能力发生变化；二是生产、技术改造、污染治理等导致排放变化。同时也可以规定时间进行更新，如3年例行更新。

(8)运行资金机制

排污许可证制度运行资金来自企业直接上缴发证单位同级财政的许可证管理费，同时可申请省级政府下拨一定的补助资金。①资金来源。主要由企业交纳许可证管理费；②资金用途。主要用于许可证行政管理、导则等研究经费以及监督性监测、培训等费用。

(9)黄柏河东支流域排污许可证实施建议

分类实施，逐步推进。流域内的大型磷矿污染排放点源，优先实施；一般磷矿污染点源，抓紧实施；排入城市污水处理厂的点源(影响污水处理运行的点源、有毒有害物质排放源)，研究实施。

做好污染源排放监测方案设计。排污监测是点源排污许可证制度实施的关键，污染源排放监测需要确定合理的超标率以及日均值、月均值、日最高小时值。

做好流域水质调查和监测。确定水质数据处理方法，并明确处理到日水平；同时做好对点源排放数据的核查。

建立业务管理平台。用于排污许可证相关信息申报、记录和共享，建立网站用于信息公开，提升透明度吸引社会公众参与。

3. 水资源保护基金与能力建设制度

出台补偿基金筹集与使用管理制度，明确补偿基金的来源、管理与使用方式；出台水质监测断面考核奖惩资金核定与扣缴制度；在筹集的生态补偿基金和收缴的断面监测考核资金中拿出部分资金用于流域防污控污基础设施和水环境监测能力建设，并制定相应的基础设施项目管理与能力建设资金使用管理办法。

第四章　湘江流域生态补偿研究

第一节　湘江流域基本情况

一、自然环境状况

1. 河流水系

湘江流域位于北纬24°31′~29°，东经110°30′~114°，地处长岭之南，南岭之北，东以幕阜山脉、罗霄山脉与鄱阳湖水系分界，西隔衡山山脉与资水毗邻，南自江华以湘、珠分水岭与广西相接，北边尾闾区濒临洞庭湖。流域面积为94660km^2，其中湖南为85383km^2，占总面积的90.2%，广西占9.8%，湘水流域面积占湖南省的40.3%，涉及长沙、湘潭、株洲、衡阳的全部、郴州、永州的大部分娄底的小部分及邵阳、岳阳的小部分。

湘江流域水系发育，支流众多，在湖南省境内的大小河流(河长大于5km)共有2157条，其中流域面积大于10000km^{2}的支流共3条，流域面积在1000~10000km^{2}的支流共14条。干流两岸呈不对称羽毛形态，其中右岸面积67398km^2，占总流域面积的71.2%，流域面积超过10000km^{2}的三大支流潇水、耒水和洣水均分布在右岸；左岸流域面积为27262km^2，只占总流域面积的28.8%，流域面积大于1000km^{2}的主要支流有7条分布在左岸，其中涟水最大，集雨面积为7155km^2。

湘江在永州萍岛以上河段为上游，长252km。灵渠以上山势陡峻，其他河段呈中低山地貌，河谷一般呈V形，河宽110~140m，平均比降0.61‰。河床多岩石，滩多流急，流量及水位变化幅度较大，具有山区河流的特性，其间汇入的较大支流有灌河、紫溪河、石期河等。永州萍岛至衡阳河段为中游，长278km，河宽250~600m，平均比降0.13‰。河床多为卵石、礁石，滩多水浅，具有丘陵地区河流的特性，其间汇入的较大支流有潇水、春陵水、芦洪江

(应水)、祁水、白水、归阳河、宜水、粟水等。衡阳至濠河口河段为下游，长326km。沿河多冲积平原和低矮丘陵，河谷开阔，河道蜿蜒曲折，河宽500~1000m，平均比降0.05‰。河床多砂砾，间有部分礁石，浅滩较多，流量大，水流平缓，具有平原河流的特性，其间汇入的较大支流有耒水、蒸水、涞水、涟水、靳江、浏阳河、捞刀河、汨罗江、新墙河等。湘江干流及主要支流基本情况见表4-1。

表4-1　**湘江干流及主要支流基本情况**

河流名称	流域面积(km^2)	河长(km)	落差(m)	平均坡降(‰)
干流	94660	856	115	0.13
潇水	12099	354	269	0.76
耒水	11783	453	349	0.77
洣水	10305	296	299	1.01
舂陵水	6623	223	169	0.76
蒸水	3470	194	105	0.54
芦洪江	1069	80	176	2.2
祁水	1685	114	—	—
白水	1810	117	—	—
宜水	1056	86	198	2.30
渌水	5675	166	81	0.49
涟水	7155	224	103	0.46
沩水	2430	144	167	1.16
涓水	1764	103	84	0.82
浏阳河	5960	222	127	0.57
捞刀河	2543	141	110	0.78
紫溪河	1011	72	328	4.56

2. 气温降水

湘江流域属亚热带季风湿润气候，雨量丰沛，年内分配不均，降水多集中在春夏之间，夏热冬冷，暑热期长，形成了流域内高温多湿的气候特征。因受季风影响，全年多北或东北风，平均风速 1.9~2.8m/s，由北向南逐渐减弱。7—8 月受太平洋高气压影响，盛吹南风，平均风速 3.5~5.4m/s。流域年均气温 16~18℃，7—9 月气温最高，平均 24~29℃，极端最高气温 43.6℃，极端最低气温-12℃。湘江流域年均降水量 1300~1500mm，年内降水时间分配不均，降雨多集中在 4—6 月，占全年的 40%~45%；7—9 月干旱少雨，降水量约占年降雨量的 18%；1—2 月最少，仅占全年的 8%；地域分配不均，沿湘江的降雨量，南北多、中部少，上游广西全州、兴安一带，是湘江的暴雨区之一，雨量较多，中游衡阳盆地降水较少，下游长沙又比中游略高；年际分配不均，一般雨量的变差为 2~3 倍，如湘潭 1953 年雨量 2081mm，是 1963 年雨量 1029.4mm 的 2.02 倍；株洲 1954 年雨量 1912.6mm，是 1963 年雨量 932.6mm 的 2.05 倍。

3. 径流洪水

湘江径流主要来源于降水，年内分配不均匀，3—7 月径流量占全年的 66.6%，其中 5 月最大，占全年的 17.3%；8 月至翌年 2 月径流量占全年的 33.4%，其中 1 月最小，仅占全年的 3.3%。湘江枯水径流一年中出现两次，第一次是 10 月至翌年 2 月的冬季枯水，这 5 个月的平均径流只占年径流量的 21.2%，如湘潭站历年实测最小流量为 $100m^3/s$(1996 年 10 月 6 日)。第二次是夏季内历年短暂的枯水。

湘江流域面积大，雨量丰沛，河网密布，水系呈树枝状，南北向分布，干流中下游洪水过程多为肥胖单峰型。湘江流域的洪水主要由气旋雨形成，洪水时空变化特性与暴雨特性一致，每年 4—9 月为汛期，年最大洪水多发生于每年 4—8 月，其中 5、6 两月出现的次数最多。次洪历时 10 天左右。

二、生态状况

1. 陆地植被

从现代植物区系分区来看，湘江流域被划归泛北极植物区，中国-日本植物亚区，即非热带区。在全国第三级植物区中，则分属于华东、华中、华南、滇黔桂区系，是四邻植物区系渗透交汇之处。因此湘江流域植被的基本特点表现为：区系丰富，地理成分复杂，起源古老，种类众多，植物分布广泛，且无论纬向、经向及垂向地带方面，都反映出一定的分布规律。其植被属中亚热带常绿阔叶林区，主要植被类型有：常绿阔叶林、常绿落叶阔叶混交林、落叶阔叶林、针叶林、灌草丛组成的次生植物类型、湿地植被以及竹林、竹丛等。

2. 鱼类资源

湘江水系共有鱼类147种(包括亚种)，分属于11目24科，约占长江水系鱼类总数(370种)的39.7%。鲤形目是湖南最主要的类群，有102种，占该地区鱼类总数的69.4%；其次是鲇形目和鲈形目，分别为17和13种，占11.6%和8.8%，其他各目15种，共占10.2%。鲤科鱼类最为丰富，有87种，占该地区鱼类总数的59.2%；其次是鳅科和鲿科，分别为11种和10种，占该地区鱼类总数的7.5%和6.8%；其余21科的种数较少，共计有39种，占该地区鱼类总数的26.5%。

湖南省地方重点保护野生动物名录包括4目11科27种保护鱼类，在湘江水系都有分布。属于国家重点保护野生动物名录一级种类1种、二级保护种类1种，列入IUCN红色名录(1996)1种，列入CITES附录1种，列入中国濒危动物红皮书(1998)6种。据调查，湘江长株潭段的珍稀水生动物主要是中华鲟、胭脂鱼、江豚、鲥鱼、长薄鳅等品种。在20世纪70年代以前，湘江长沙段洄游性珍稀名贵鱼类——中华鲟、鲥鱼、鳗鲡等在渔业中均占有一定的比例。随着湘江流域特别是湘江干流的梯级开发，鱼类洄游通道建设不足，导致中华鲟、胭脂鱼等洄游性鱼类的种群数量急剧下降，鲥鱼几近灭绝。

3. 湿地资源

湘江流域湿地动物种类较为丰富，共有哺乳动物35种、鸟类234种、鱼类113种、两栖类15种、爬行类32种。在动物地理区划上属东洋界华中区，并占有东部丘陵平原和西部山地高原2个亚区；在生态地理动物群上属亚热带林灌、草地-农田动物群。湿地动物中被列入国家一级保护野生动物的有白鹤、白头鹤、灰鹤、白枕鹤、东方白鹳、黑鹳、大鸨、中华秋沙鸭、白鳍豚、中华鲟等。

湘江流域湿地内有高等植物51科101属194种，其中被列入国家一级重点保护植物的有长喙毛茛泽泻、莼菜、中华水韭3种，被列入国家二级重点保护植物的有水蕨、粗梗水蕨、普通野生稻、莲、野菱5种。湘江流域湿地植物分属东柳湿地植被、东高草湿地植被、东低草湿地植被3个植被类型，旱柳湿地群系、芦苇湿地群系、荻湿地群系、东方香蒲湿地群系、菰湿地群系、双穗雀稗湿地群系、禾草湿地群系、短尖草湿地群系、弯囊薹草湿地群系、少花荸荠湿地群系、水芹湿地群系、石龙芮湿地群系、蒌蒿湿地群系、石菖蒲湿地群系、水蓼湿地群系等43个植物群系。

4. 自然保护区

湖南省自然保护区类型以自然生态系统保护区为主，其次为森林生态系统保护区、水域及湿地生态系统保护区、野生生物类型、自然遗产类型等。根据湘江流域地理环境特征及地域差别，流域自然气候温暖湿润，具有我国动植物南北交汇的区系特点，动植物资源丰富，但由于人为活动较多，因此以人工生态种类居多。

5. 森林公园与风景名胜区

截至2019年，湖南省级以上森林公园增至121处，湘江流域集中了湖南省内半数左右的国家级及省级森林公园，可见其在湖南省内景观及生态环境方面的重要性。湘江流域内共有国家级风景名胜区4个，面积共计1438km^2；省市级风景名胜区19个，面积共计1875. 83km^2。

三、社会经济状况

1. 土地利用状况

湘江是湖南的母亲河，是孕育湖湘文明的生命之河。湘江流域是湖南省人口最稠密、城市化水平最高、经济社会文化最发达的区域。流域内分布的1个省会城市和7个地级市分别构成了湖南省的一个核心增长极(长株潭城市群)、一条沿京珠高速、京广铁路布局的经济主轴线(岳阳、长沙、株洲、湘潭、衡阳、郴州)和两个中南区域中心城市(永州、娄底)。

《湖南省土地利用总体规划(2006—2020)》对湖南省的区域划分和湘江流域内两个主要城市群即长株潭城市群(长沙、株洲和湘潭)和四城市群(娄底、衡阳、郴州和永州)做出了规划。该规划根据不同的土地利用等级设置了不同的目标。长株潭城市群位于湘江流域北部，由长沙、株洲、湘潭三大城市组成，沿湘江呈“品字形”分布。长株潭城市群耕地面积为6283km^2，建设用地面积为2855km^2，其周边城镇的可用建设用地面积达13824km^2。四城市群的耕地面积为11588km^2，建设用地为3974km^2，其周边城镇的可用建设用地面积达18291km^2。

2. 经济发展现状

湖南省的经济活动和社会活动均与湘江紧密相关，且依赖于湘江。湘江流域下游是湖南省人口最集中、城镇化程度最高、发展水平最高的地区。长沙市2019年地区生产总值11574.22亿元，同比增长8.1%。其中，第一产业实现增加值359.69亿元，增长3.2%；第二产业实现增加值4439.32亿元，增长8.0%；第三产业实现增加值6775.21亿元，增长8.4%(见表4-2)。

表4-2　　**2019年湘江流域生产总值及产业增加值(亿元)**

项目 地区	生产总值	第一产业增加值	第二产业增加值	第三产业增加值
湖南省	38153.68	3394.11	14430.39	20329.24
湘江流域	30056.38	2247.26	11711.72	16097.37
长沙	11574.22	359.69	4439.32	6775.21
株洲	3003.13	220.70	1358.7	1423.70
湘潭	2257.60	144.90	1113.1	999.60
衡阳	3372.68	380.08	1091.61	1900.99
岳阳	3780.41	380.62	1525.83	1873.96
郴州	2410.90	236.50	924.5	1249.90
永州	2016.86	350.33	625.97	1040.56
娄底	1640.58	174.44	632.69	833.45

3. 产业布局现状

湘江流域是湖南省最重要的制造业基地，区内各市依托各自的比较优势，发展出各具特色的制造业体系。

长沙是湖南省制造业中心。依据区位商指标测算的长沙在全国和湖南省均有比较优势的产业有8个，即专用设备制造业、印刷业和记录媒介的复制、通用设备制造业、医药制造业、饮料制造业、仪器仪表及文化办公用机械制造业、食品制造业和烟草制品业。其中专用设备制造业和通用设备制造业的优势行业主要体现在工程机械(专用设备制造业)、商用空调(通用设备制造业)等细分行业类别上，同时，作为新兴优势产业，以汽车制造(越野车、客车、卡车和轿车)为主导产品的交通运输设备制造业近年也发展成了优势产业。上述产业已发展成龙头优势明显、配套体系较为完善的产业集群。此外，电子信息产业(以信息终端、电子元器件、网络设备、智能仪表、金融机具和软件为主导)、新材料产业(以先进电池材料、超硬材料、新金属材料、新型轻质材料、超细粉末材料、纳米材料为主导)、生物医药产业(以现代中药和生物医药为主导)也是长沙新兴优势制造产业。

株洲是“一五”期间国家重点布局建设的8个老工业基地城市之一，已形成交通运输装备制造、有色金属冶炼及深加工、化工等多个主导产业。株洲市现有重点产业是：交通装备制造产业(以轨道交通设备制造、航空动力机械制造、汽车零配件制造等为重点)、有色金属冶金产业(以铅、锌及其合金产品、超细硬质合金棒(型)材、硬质合金异型产品、硬质合金模具材料、钢结合金、铸造碳化钨等为主导)、化工产业(以盐化工、硫化工、精细化工和化学建材等为主导)、陶瓷产业(以日用陶瓷、电力陶瓷、工艺陶瓷等为主导)、服饰产业、农产品加工产业(以肉食品加工、乳产品等为主导)。

湘潭是国家的老工业基地，湖南省的工业重镇。目前湘潭拥有规模工业企业684家，其中大中型企业42家。已形成以冶金、机电、化纤纺织、新材料为主导产业的比较发达的工业制造体系，是全球最大的电解二氧化锰生产基地，是全国重要的机电、精细化工、氟化盐生产基地，是湖南省最大的钢铁、机电、建材工业基地。

衡阳是“有色金属之乡”和“非金属之乡”。机械、冶金、化工、建材、纺织、食品加工等是其主要特色产业。其中，钢管及钢管材加工、有色金属冶炼及压延加工制造(电铅、电锌、铜、银等)、输变电设备及器材制造、汽车(重型、专用汽车)及零配件制造、盐化工及精细化工、煤电、医药制造(中成药保健品、血液制品)、新材料(化工、新能源、医用、粉末冶金等材料)等是具有较大优势的行业。

郴州是“中国有色金属之乡”，也是沿海地区资金和技术向湖南转移的理想城市。郴州工业以有色、能源、建材、医药食品(含烟草)、化工机械和电子信息等六大产业为支柱，其金银及稀贵冶炼、石墨建材、氟化工、基础化工原料、煤电水电、水泥、玻璃、石墨、新型制冷设备、视讯产品等具有较强的竞争力。

永州工业的主导产业是汽车和机电制造、食品加工、竹木林纸、制药、冶金化工、能源、建材、轻纺等产业，其中汽车制造、卷烟、造纸、制药、食品加工五大产业是支柱性产业。近年来，电机制造、发电设备、医药制造、制鞋业等产业的规模也不断扩大，形成了一定的优势。

娄底是湖南省重要的能源与原材料基地，目前已初步形成精品钢材及薄板深加工、有色冶炼及深加工、原煤开采及深加工、建材、机械铸造、农用机械、矿山机械、特种陶瓷、农产品深加工、现代中成药及生物医药等10个具有比较优势的产业，其中，钢铁、水泥、煤炭年产量均超过千万吨。

岳阳地处湘江与长江的交汇处，具有通江达海的优势。其产业以石油化工、食品加工、饲料、造纸、纺织、机械、建材、生物医药、火电产业为主导。九大产业完成工业增加值占全市规模工业的90%以上。其中，石油化工、食品加工和造纸等产业已形成产业集群发展态势。

湘江流域也是湖南省服务业发达地区，尤以省会长沙为盛。长沙服务业的主导产业是批发和零售业、商务服务业(会计、审计、资产评估、法律、广告策划等专业中介服务)、金融保险业、文化体育和娱乐业、住宿和餐饮业、出版业、影视传媒业、房地产业、休闲娱乐业、通信业、现代物流业、教育业、软件和信息业等，其服务业市场覆盖范围以长沙为核心，以全省为主体，部分行业(如影视传媒、休闲娱乐、现代物流等)市场覆盖到全国。其他各市中，除依托自身经济腹地发展起来的生产性服务和生活性服务业外，其主要特色反映在旅游业中，其中湘潭、株洲以红色旅游为主，衡郴永娄岳五市以生态旅游和人文旅游为主。

第二节　湘江流域生态补偿主要需求

一、高度城市化地区需要以生态补偿提高城市品质

随着社会经济的发展，城乡居民对优美生态环境的追求日益成为城市发展的主流方向。而以往城市粗放型扩张所造成的城市用地与生态用地的矛盾也日益凸显。为了协调好这一矛盾，在高度城市化的区域开展增绿留白，建设绿心，实现城市与生态的和谐发展就成为重要的路径。生态建设无疑会提高城市品质，并产生良好的生态环境正外部效应，因此通过生态补偿来保障这个正外部性持续发挥作用，就显得尤为重要。

二、工矿区生态环境修复需要以生态补偿资金为保障

湘江流域是湖南省历史上的制造业基地，很多地区以资源型产业为主，并以此各自发挥优势，形成了许多各具特色的资源型小镇。但是，过度的开发利用对生态环境造成了巨大破坏。沿湘江流域遗留下来了众多的工矿区，给生态环境留下了诸多隐患。而这些诸多隐患中，最为不利的是土壤重金属的污染问题。湘江流域重金属的污染面积超过了5000km^2，占流域面积多达5%，主要

污染因子为镉、砷、铅、汞和铬，主要分布的区域为郴州三十六湾工业区、衡阳水口山工业区、株洲清水塘工业区、湘潭竹埠港工业区、长沙坪塘工业区和岳阳汨罗江工业园区。工矿企业退出过程中，首先退出企业需要有一定的安置补偿，其次，采取一些必要的修复措施也需要进行补偿，最后，还需要对土地归并整合后，重新进行规划与开发，这都需要有一定的生态补偿的措施予以保证。

三、流域水环境治理需要以生态补偿措施为补充

整个湘江流域水环境质量总体向好，但是工业生活等点源污染，农业面源污染排放量仍然较大，给流域水环境承载能力提出了巨大挑战。而湘江干支流长期受污染物排放累积影响，对湘江河道底泥造成了巨大污染。与此同时，湘江整体上渠道化严重，水生生境的连通性减弱，生态系统破碎化严重，水环境的自我修复能力日益减弱。水环境治理离不开巡查执法、监督检查、监测管控等综合手段的保障，同时也需要生态补偿措施作为积极的补充。通过设立断面水质奖惩机制，这样既可以充分调动各地方政府开展水环境保护的积极性，也可以为流域水环境治理留出专门的治理基金。

四、重点生态敏感区保护以生态补偿措施为主导

在经济利益的驱动下，一些开发商从自身利益出发擅自开发利用湿地，变更用途，使湿地的生态效益和湿地生态功能完全丧失，导致湿地面积不断缩减。湿地本来是江河湖泊的天然屏障，具有较高的环境承载力，但许多天然湿地过度地承载了工农业废水、生活污水、化肥、农药、除草剂等化学产品，致使湿地退化，水环境进一步恶化。近年来，福寿螺的爆发和凤眼莲的疯涨等生物入侵问题已逐渐显现，严重破坏了当地食物链、生态系统，改变了现有湿地生态系统的物质循环、能量流动和信息传递，导致生态平衡破坏，湿地物种稳定性退化。有关人员调查发现，在湘、资、沅、澧四水中，湘江流域的湿地面积流失最大。

第三节　湘江流域生态补偿体制 SWOT 分析

态势分析法(SWOT)是由美国管理学家迈克尔·波特在 1985 年提出的一种常用战略方法，主要通过分析研究对象自身所具有的优势和不足，判断其所面临的发展机遇和外部威胁，形成由优势(strength)、不足(weakness)、机遇

(opportunity)和威胁(threat)四类因素相结合组成的策略，对这些策略进行甄别和选择，最终确定研究对象的发展战略。该法提出之初，被用于企业战略管理，通过分析企业内部因素(优势和不足)以及外部因素(机会和威胁)为企业的战略规划提供依据。

在态势分析法中，优势(S)代表研究对象本身具备的一系列能影响其自身发展的优势；不足(W)代表研究对象自身所包含的有可能影响其发展的缺点；机遇(O)指的是研究对象所处的整体环境，该环境能促进研究对象的发展；威胁(T)代表研究对象所面临的来自外部竞争的威胁或挑战。优势(S)和不足(W)为可控的内部因素，机遇(O)和威胁(T)为不可控的外部因素。

一般而言，组织内机构设置的重叠以及管理空缺是不足。责任明晰、操作流程规范以及员工有能力被视为优势。资源管理的监管、执行、计划流程以及反馈评级的审批程序也都属于优势。对机遇和威胁的评估将有助于改善自然资源的管理，提高利用效率，减少可持续管理中可能出现的风险。对优势、不足，机遇和威胁这四个方面的辨别和分析对于政策制定以及行动计划的设计至关重要。

湖南省机构设置大致分为四个层级，分别为省级、市级、县级、乡镇级。设置众多行政机构的优势在于有利于自上而下的直接管理。每一个部门设置 4 级业务部门，便于自上而下的政策实施。从水资源管理的角度来看，层级体制造成行政机构职能范围与自然水域管理范围难以契合。在流域内，上游的管理行为或管理缺失势必对下游造成影响。这种自然的范围和行政管理范围的不一致表明，为了有效管理水资源，有必要协调好行政单位之间的水土资源管理行动。

优势和不足的分析包括人力和物力资源、业务能力(监管/执行等)、资源管理以及规划。机会和威胁的分析包括自然环境、社会经济发展状况和政策环境这三个方面。态势分析的结果，即政策和法律框架以及管理措施的优势、不足、机会和威胁。

一、湘江流域各职能部门 SWOT 分析

1. 农业农村厅职能 SWOT 分析

(1)优势分析

农业农村厅在功能和业务能力上有以下优势：引导农业发展战略、中长期发展计划的制订，参与农村经济发展政策制定实施；制订并实施生态农业建设

计划，引导农业生物产业发展(节能减排、非点源污染防控)；组织农业用地的划分，负责农田、渔业水域、草地、湿地以及农业生物物种的保护与管理；负责农作物虫害防控、动物疾病预防，包括水生动植物；协调农村能源发展项目(例如农村清洁能源项目)，防灾赈灾以及灾后重建工作；研究如何减轻农民负担以及如何保护农民合法权益并就此提出政策建议，审查和监督减贫惠农法律法规和政策的实施工作。

农业农村厅已建立农业生产体系与标准，其制定的政策框架和规划包括：保护渔业水域生态环境的生态农业、循环农业发展计划；鼓励与循环农业相关的技术研究与示范项目，并增发现金补贴；实施基本农田保护政策、推广节水农业；制定关于农产品的地方标准，包括兽医医疗设备以及相关化肥使用。

目前已取得的初步成果表现在：非点源污染防控取得了初步成功。目前已设立96个农业环境监测点，共计约30个检测项目；建立了大米生产环境污染防控措施，农村清洁发展项目取得了巨大的成功。目前已设立533个清洁项目试点村，一个“新农村建设”示范村以及一个节能减排示范村。已经实施8个农业湿地保护项目，例如益阳赫山区，以及17个国家农业野生植物保护项目，例如株洲市茶陵县湖里湿地野生稻保护点项目。同时，已建成14个生态农业示范县。例如常德市将成为全国首批十大循环农业试点城市之一。

(2)不足分析

在业务能力方面，农业农村厅的职责履行和任务完成涉及的人员众多，各市级和县级其他部门也参与其中，协调工作复杂且烦琐，一些指令重复出现或模棱两可；没有相关法律强制农民减少化肥和农药的使用，审查工作难以实施。而生态补偿机制(例如生态补偿机制的目标、途径、方法和标准)和财政支持尚未完全建立，一些环境调控措施实施难度相对较大。

(3)机遇分析

在自然资源和经济发展方面，湖南省土壤肥沃、气候温和、水资源丰富，为农作物的高产创造了有利条件。例如，2012年，湖南省水稻产量达2631万吨，占当年全国水稻总产量的12.9%。在过去的40年中，湖南省的水稻种植面积以及水稻产量一直位列全国之首，杂交水稻产量占全国总产量的40%以上。

在政策环境方面，农业农村部颁布了建设现代农业示范区及抵御洪涝干旱的农业示范项目国家标准；财政部颁布了农业基础设施建设、育种、农业污染防治、废弃物的综合利用和公共项目建设规划的公共服务体系；农业综合开发办公室支持并鼓励农业生态旅游业的发展；“中央一号文件”多年来一直高度关注农村问题，2014年发布的“中央一号文件”特别强调了工业生产造成的水污染、土壤污染对农业用地造成的影响，以及化肥、农药的过度使用给农村环境造成的严重问题。2011年制定的《湖南省国民经济和社会发展“十二五”规划纲要(2011—2015)》确立了加强粮食生产基地建设的目标；湘江流域整体科学发展规划强调了农村地区污染防治的重要性。

(4)威胁分析

在自然资源方面，农业用水量不断增加，但季节交替期间流域内水源(包括地下水、湖水和河水)供应不稳定，水量逐渐减少；流域内洪涝灾害时有发生，农作物产量受到影响。在经济发展方面，流域内的经济发展水平相对较低，农业是湘江流域主要的经济来源。随着经济的快速发展，用水需求逐渐增加，部分农业用地受到严重的工业污染和重金属污染。在政策环境方面，职能的发挥缺乏协调机制和政策保障，尚未形成综合水资源管理政策框架以及有效机制来确定、联合、协调各利益相关方的行动。

2. 住房和建设厅SWOT分析

(1)优势分析

在机构职能方面的优势包括制定关于新型城市化的政策、条例、发展策略以及中长期发展规划，并协调政策的实施；制订农村发展规划并改善农村生活条件；通过建设城镇污水处理设施和生活垃圾处理装置来推进减排措施的实施。在人力资源和机构设置方面，设置了城乡规划、节能与科技、村镇建设以及世界遗产和景区管理等处室。

在制度改革与发展方面，制订协调规划，如《湖南省城镇污水处理及再生利用设施建设规划》《湖南省城镇生活垃圾无害化处理设施建设规划》和《湖南省城镇污水垃圾处理及供水设施建设专项行动实施方案》；实施多项环境保护政策，组织一系列活动以增强群众环保意识；制定污水处理标准。湖南省城市污水处理率为82%，县级污水处理率已经超过85%，镇级污水处理率已达到80%，日处理能力达311万立方米。已铺设污水管道网络达10134公里，其中新铺设的管网和改进后的管网分别为9540公里和594公里。城市污水处理再利用率达到10%，日处理能力达83万立方米。

(2)不足分析

在业务能力方面，城市污水和固体废弃物处理设施建设需要大量资金投入，要求多渠道筹集资金；各部门之间尚未建立有效协作机制。例如，住建厅主要负责污水处理设施的建设及其运作。生态环境行政主管部门主要负责评估污水处理设施建设对环境的影响、制定污染物排放标准、监督并检查污水排放设施。水利行政主管部门负责保证河流水流量充足、水质达标。财政厅主要负责制定税收政策以保证污水处理的资金需求。

在物力资源方面，城市污水和垃圾处理设施过于陈旧，不足以胜任污水处理工作。城市污水和垃圾严重影响了湘江流域的生态环境，更新设备及维护设备运转的成本过高。在制度改革与发展方面，在污水和垃圾处理问题上没有制定适宜的政策或规定，须适当增加投资以保证污水和垃圾处理工作的顺利进行；须发展并改善城市污水处理技术、再生水利用技术及城市垃圾处理设施的设计；对于污水和垃圾处理的效果尚缺少一套标准的评价体系。

(3)机遇分析

在自然资源和经济发展方面，随着人口数量的增加和社会经济的发展，急需不断改善居民生活环境。然而湖南省的建设用地仅为133.87万公顷，占湖南省总面积的6.3%。在政策环境方面，“湘江流域科学发展规划”的一个重点项目就是实施“三年行动计划”以治理湘江污染，主要问题是要降低饮用水处理厂的能源消耗，减少饮用水中氨、铁和锰的含量。

(4)威胁分析

在自然资源方面，湖南省大多数城镇位于湘江沿岸，灌溉系统和排水系统(排水系统包括污物池、绿色沼泽地等)不完善可能导致渗滤液给生态环境造成破坏。在社会经济发展条件方面，整个湘江流域城市人口密度大，经济的发展将会致使废水排放量和固体废弃物增加，居民的垃圾分类意识和污水处理意识不强，给污水和垃圾的再生利用工作带来较大压力。而在政策环境方面，城市间、各县间以及各部门间缺乏协调机制；国家尚未制定与污水和垃圾处理相关的生态补偿机制，也未出台合理的污水和垃圾处理收费制度，且相关资金管理和监控网络尚不完善。

3. 水利厅SWOT分析

(1)优势分析

湖南省平均水资源总量为2539亿立方米，其中地表水总量为2082.8亿立方米(内陆水域水资源为1620亿立方米，外流径流量为462.8亿立方米)；地下水资源总量为457亿立方米，总体水资源丰富。

湖南省水利厅的职能优势包括负责省内水资源的合理开发与利用，起草省内节水计划或政策、地方水利法律法规、重要湖泊与河流整体流域规划以及防洪计划；负责监督水资源分配/供应和需求计划的实施；负责监督省内水文状况以及水资源状况、水文站的建设与管理，对水资源和水利资源进行研究和评估；负责水资源的保护，排污口建设的审批工作；负责建设水利设施以达到防汛抗旱、节水和保持水土的目的；指导农村水利项目的建设；指导下级单位行政法规的实施，并监督其水资源管理状况。在人力资源和机构设置方面，水利厅下设办公室、规划计划处、水资源处、建设管理处、水土保持处、科技外事处、安全监督处、总工程师室、3个水电站和1个水库管理局。

湖南省在制度改革与发展方面，实施了取水许可制度；征收水资源使用费；建立了防汛示范系统；建立了全省防汛抗旱预警机制；制订了水资源开发利用规划；制订了湘江水资源管理及实施计划。

(2)不足分析

湖南省水行政主管部门存在职能交叉重叠的现象，主要表现在：水资源管理要求各部门间相互配合，但目前跨部门的协作机制尚未有效建立，导致跨部门的协调和利益分配上存在许多障碍；各部门权力和职能重叠，容易产生矛盾；尚未建立信息和数据共享系统。而在机构改革和发展方面，在水资源合理配置上未形成统一标准，容易导致用水权纠纷。同时，在水资源开发和利用上未形成工程项目实施的后续评估标准体系。

根据《湖南省环境质量报告》，只有36%的河流水质达到Ⅰ～Ⅲ类标准。与其他流域相比，湘江污染程度更重，其中支流要比干流污染严重，比如，湘江与沅江和资江的25条支流中72%的河流水质没有达到Ⅲ类标准，湘江和沅江支流的污染情况有逐年恶化的趋势。

(3)机遇分析

随着经济的发展和教育的进步，人们逐渐意识到合理利用水资源的重要性。根据国务院颁布的《关于实行最严格水资源管理制度的意见》，湖南省政府出台了《湖南省最严格水资源管理制度实施方案》，确立了水资源开发利用控制、用水效率控制、水资源功能区限制纳污3条红线，以实现水资源可持续利用。该方案明确了实施严格水资源管理制度的总体目标，并于2030年以前将全省用水总量控制在360亿立方米以内，提高用水效率，将万元工业增加值用水量降低到30立方米以下，农田灌溉水有效利用系数提高到0.6以上，并改善水质。该方案还要求建立水资源管理责任和考核制度，建立健全水资源监控体系。

湖南省人民代表大会通过并实施了《湖南省湘江保护条例》。这是我国首部关于江河流域保护的综合性地方性法规。该条例明确了湘江流域水资源管理与保护、水污染防治、水域岸线保护、生态保护及相关法律责任。该条例第五章第68条明确指出省人民政府应当组织有关部门和在湘江流域设区的市人民政府共同协作建立湘江流域生态补偿机制。同时《湘江流域科学发展总体规划》明确提出了拯救湘江的重要性，要求革新水资源管理以提高用水效率和产水率。

而在湖南省政府发布的《长沙市境内河流生态补偿办法(试行)》中规定，凡是交界断面当月水质指标值超过水质控制目标的，上游区、县(市)应当给予下游区、县(市)超标补偿。另外，湖南省政府还发布了《湘江流域水污染综合整治实施方案》，已投入资金174亿元，完成湘江流域水污染整治项目976个。

(4)威胁分析

湘江流经丘陵、峡谷、平原，流域内地理状况复杂，给湘江流域的管理工作带来许多困难而湘江沿岸城市在水资源使用方面的矛盾不断激化。湘江的水资源要供4000万人使用，且湘江沿岸城市人口密度较高。随着经济的发展，人们对水的需求量日渐增大。旅游业、工业和农业发展带动了周边地区的经济发展，但同时，旅游业发展产生的垃圾对环境造成了严重破坏，工业垃圾和农业废水给湘江造成了严重污染，对湘江造成破坏。而且湘江流域未形成跨地区、跨部门间合作机制，国内尚缺乏可供借鉴的用于协调和分配上、中、下游之间利益的生态补偿机制，尚未形成综合节水机制，而且水价机制和财政投资机制也不完善。

4. 生态环境厅SWOT分析

(1)优势分析

在实施职能方面，湖南省生态环境厅负责完善环境保护的基本制度和政策，起草全省环境区划和污染控制规划；负责重大环境污染事件和生态保护事项的统筹协调和监督管理；加强全省减排措施的执行力度，加强对排污许可证发放的监管，加强环境保护，控制环境污染，组织和引导全省农村环境的全面改善，负责提出全省环境保护领域固定资产投资规模和方向、省级财政性资金安排的建议，参与引导和促进循环经济和环境保护型产业的发展；提高环保技术，监测全省环境质量，发布相关信息，组织、引导和协调全省环境保护宣传教育工作。

生态环境厅下设分支部门，包括办公室、规划财务处、环境影响评价和监测处、污染物排放总量控制处、污染防治处、自然生态保护处、核与辐射管理处、法制宣传处以及13个市级业务部门。此外，生态环境厅还设有14个附属机构，包括湖南省环境监测总队、湖南省环境应急与事故调查中心、湖南省环境信息中心、湖南省洞庭湖生态环境监测站以及湖南省环境监测中心站。

在制度建设方面，生态环境厅负责制订污染控制计划和饮用水区域保护计划并监督其实施；负责建设环境友好型社会，参与全省重点功能区建设；负责提高地表水环境功能区化的地区标准。

(2)不足分析

湖南省生态环境厅业务涵盖范围广，管理难度因此加大，解决跨区域污染争议的协调能力不足。一些职能与机构设置和水利厅、农业农村厅以及住建厅的某些职能和机构设置重叠，如控制主要污染物的排放，建立排放许可制度等。在管理制度方面，无合理的污染物排放税收政策，需提高污染物排放费用，为环境保护集资。

(3)机遇分析

公众环保意识增强，当地居民十分乐意加入环保队伍。在国家层面，明确需加大力度，通过控制空气和土壤污染以及提供安全的可饮用水来改善公众健康状况，并提议建立环境产权交易的市场机制，推动环境保护税的改革，对污染源排放收费。中央政府已将湖南省列入主要重金属污染控制试验区之一，投资 595 亿元用于湘江流域治理，并将重金属治理工程列为重中之重。

(4)威胁分析

湖南省大量工业废水非法排放，监管难度大，且资源消耗逐年增加，加大了环境保护压力。各级相关部门制定的环境保护标准和措施不同，很难执行。需要出台一套由各相关利益方共同制定的跨省、跨部门、统一的标准。国家排放法规体系尚未健全，特别是收费标准以及所收排放费的使用规定仍未完善。

5. 林业局 SWOT 分析

(1)优势分析

湖南省林业局的主要职能在于监督和管理全省林业和生态建设，制定长期计划、法律和法规；监督和管理林业资源保护与开发，组织和监督全省森林采伐限额制度的执行；组织落实森林所有权登记制度，审查和批准林权变更；负责协调和监督湿地管理和石漠化治理；负责监督和管理自然保护区，组织和引导陆生野生动物资源的合理开发和利用；负责制定林业发展政策和计划。湖南省林业局设立有 26 个分支机构。设置多个分支机构表明各分支机构职能和权力明确，是林业政策和项目得以执行的基础。

(2)不足分析

湖南省林业局权力和职能明确，但与其他各部门的合作不足，同时缺乏城市或县级森林管理人员和全职技术人员。与此同时，森林主要分布在山区，使得管理难度大，管理成本高。

(3)机遇分析

湖南省土壤肥沃，气候温和，森林资源丰富。湖南省林区面积为1209.8万公顷，占总面积的57.11%，在中国排名第7位；森林覆盖率57.34%，在中国排名第4位，全省森林公园增加至103个，自然保护区增加至47个，湿地公园增加至23个。生物多样性丰富，包含12种一级保护野生植物和45种二级保护野生植物。

森林生态补偿是中央政府发起的首个生态补偿计划，已开展大量实践活动，如“退耕还林工程”“非商业化林区保护工程”和“自然林保护工程”。

(4)威胁分析

湖南省林地占全省总面积的60%，约60%的县和市有重点林区，超过1600万或60%的农村人口居住在林区。林农主要依赖森林维持生计，经济发展和森林保护之间的矛盾突出。

6. 省发展和改革委员会SWOT分析

(1)优势分析

湖南省发展和改革委员会主要负责制定并协调实施全省社会经济发展计划和战略；推动经济改革，引导和推进“环境友好型”社区的全面改革；推进工业结构战略性调整和升级；研究与经济社会和资源、环境协调发展相关的重大问题，推进区域可持续发展；审查和批准政府重点投资项目，并组织评估评定，专家评议；引导、规划和协调湘江沿岸长株潭城市群生态经济带的建设和保护；起草相关本地法律、法规，起草价格改革计划并组织实施；实施临时价格干预措施，以应对自然灾害；负责价格争议的调解和仲裁；负责协调各部门、行业、企业间的工作；依据各重点生态功能区设立生态红线。

湖南省发展和改革委员会下设发展规划处、法规处、经济体制综合改革处、地区经济和应对气候变化处、资源环境和项目前期工作处、湖南省能源局和高技术产业处等机构。

(2)不足分析

湖南省发展和改革委员会缺乏计划实施和执行经验，相关利益方的参与不足，在决策实施后，无后续监管和监督体系，缺乏自下而上的决策制定程序，同时水价制定涉及很多部门，部门间又缺少协调。

(3)机遇分析

依据《国务院关于加快发展节能环保产业的意见》，中国已有 100 个地区被选为生态文明先行示范区。国家发改委联合财政部、原国土资源部、水利部、原农业部、原国家林业局共同制定了《国家生态文明先行示范区建设方案(试行)》，在入选的先行示范区内开展生态文明建设。在 100 个生态文明建设示范区中，湖南省湘江发源地和湖南武陵山区被列入第一批示范区。此外，《水法》第 48 条规定："直接从江河、湖泊或者地下取用水资源的单位和个人，应当按照国家取水许可制度和水资源有偿使用制度的规定，向水行政主管部门或者流域管理机构申请领取取水许可证，并缴纳水资源费，取得取水权。"国家发改委和水利部联合发布了《水利工程供水价格管理办法》，国务院也发布了《关于推进水价改革促进节约用水保护水资源的通知》。

(4)威胁分析

资源缺乏是影响水价的重要因素。水价不合理会导致人们用水不当、过度利用，从而加剧水资源短缺。湖南省经济发展和环境保护存在冲突，利用补偿政策来平衡冲突无疑是一项艰巨的任务。湖南省农业用水量大，但是农民经济状况不佳，农村水价改革会很难；水价改革牵涉众多领域，涉及政府部门以及农民、城市居民、公司企业等个人用水户，需要一个成熟的水市场为不同用户定价。但目前缺乏参与性评估系统和自下而上的方式；由于各地用水量、取水条件不一，很难规范水价，而且国家没有出台统一的水价制定标准。

7. 水文局 SWOT 分析

在职能优势方面，水文局的主要职责为制订水资源发展计划；负责全省水文调查、水文预测和水文评估工作；实施水资源保护计划和水功能区划，核实水污染承载力，发布水质公报；参与设定区域水资源分配，推行用水许可、用水收费的措施；监测、分析和评估水利工程的水量和水质；检测与争议相关的水文数据和处理与水资源相关的法律案件；监测、调查、分析和评估水资源，编制水资源公报。

但水文局也存在业务能力不足，包括主要承担生态补偿政策的数据支持工作，不具备决策、执行和协调职能；现阶段人员流动较大，给人口、经济方面的统计带来了困难。在发展机遇方面，有关水资源和气候变化适应性的决策需更多精确的水文数据支撑。在遭受的外部威胁方面，缺乏各类用于政策制定和实施的综合协调机制。

8. 统计局 SWOT 分析

统计局的职能优势体现在，制定并组织实施全省统计改革和统计现代化建设规划及统计调查计划，建立健全国民经济核算体系和统计指标体系；对国民经济、社会发展、科技进步和资源环境等情况进行统计分析、统计预测和统计监督，向省委、省政府及有关部门提供统计信息和咨询建议，编制《湖南省统计年鉴》；组织各地区、各部门的经济、社会、科技和资源环境统计调查。统计局下设相关处室，针对农村、工业、服务业、对外贸易和固定资产统计设立不同的处室，分工和责任明确。而且，随着规划的细化，工程监测的重视和政务公开透明需求的增加，各部门对统计数据的需求越来越重视。

但是统计局在业务能力上也存在不足，如现在统计局主要是针对国民经济数据的统计，对资源利用等方面的统计相对匮乏；县/乡镇级统计数据的细化和准确性有待提高，且缺乏开放的数据和信息共享系统。在外部机遇方面，在政策决策过程中迫切需要更多、更准确的统计数据支持。而主要的威胁体现在缺乏机构间的协调机制来指导数据和信息采集与共享。

9. 气象局 SWOT 分析

在职能优势方面，气象局负责制订地方气象事业发展规划、计划，负责本行政区域内重要气象设施建设项目；组织管理本行政区域内气象探测资料的汇总、分发；在本行政区域内组织对重大灾害性天气跨地区、跨部门的联合监测、预报工作，及时提出气象灾害防御措施，并对重大气象灾害作出评估，为本级人民政府组织防御气象灾害提供决策依据(如和水文局合作预测干旱和洪水)；管理本行政区域内公众气象预报、灾害性天气警报以及农业气象预报、城市环境气象预报、火险气象等级预报等专业气象预报的发布；参与省政府应对气候变化工作，组织开展气候变化影响评估、技术开发和决策咨询服务。气象局下设应急与减灾处、观测与网络处、科技与预报处、政策与法规处等处室，并设有市州级气象局和相关直属单位，包括湖南省气象台、气象科学研究所、气象服务中心、气候中心、防雷中心、气象信息中心和气象局建设办公室。涉及湘江流域的气象站有 43 个。

但气象局也存在业务能力的不足，包括职能设置相对独立，协调职权较弱，与其他机构的合作如数据共享相对较少；职位对专业技能要求较高，需要不断更新和提高；应对突发天气的相应与协调机制有待提高。观测站点仍需增加。在外部机遇方面，精细化政策决策过程中，需要更多、更准确的气象数据支持。在外部威胁方面，主要缺乏跨机构的政策协调机制。

10. 长株潭“两型社会”实验区建设管理委员会SWOT分析

（1）优势分析

长株潭“两型社会”实验区建设管理委员会（以下简称两型委）作为一个协调机构，具有十个职责，具体概括为五个方面：建立理论基础，制定湖南“两型社会”建设目标和标准；协调服务：协调中央政府和省政府之间的关系、协调省政府和长株潭三市市政府之间的关系、协调改革和发展之间的关系；实施：按照省政府要求，实施总体发展和改革规划以及环境保护项目；考核和评估：评价省政府和长株潭三市市政府推进两型社会建设的成效；示范借鉴：借鉴国际国内的成功经验，提升长株潭“两型社会”实验区的管理水平。

两型委的协调和评估职能，以及职能优势在未来的跨部门间的合作上将日益凸显。自2007年成立以来，两型委同长株潭三市的两型委密切合作，与省级机构就“两型社会”问题进行日常沟通和协调。基于此，两型委同负责发展规划和自然资源管理的机构建立了良好的关系和沟通体系。

（2）不足分析

两型委市/县级机构的综合战略规划能力不足，且无执法能力，相关监督工作难以有效地实施。两型委频繁的人事变动也加大了工作开展的难度并影响了工作的连续性。

（3）机遇分析

国家和地区政府鼓励湖南省建设“两型社会”，2007年国家发展和改革委员会发文批准长株潭地区为“全国资源节约型和环境友好型社会建设综合配套改革试验区”；2014年4月将其名称由“两型委公室”改为“两型委员会”，扩大了其行政职权范围；湖南省“十二五”规划中明确提出以改善湖南省环境质量、降低资源耗费水平、建立“循环经济”、利用回收物为未来经济活动的重点。

（4）威胁分析

自然资源条件制约影响湖南省发展，如湘江，湖南的母亲河，存在水流量不足、水利用效率低、水环境质量恶化等问题。流域内经济发展较为落后，人口密度相对较大，仍依赖农业生产和资源开采，对自然资源的需求过大，特别是水资源需求的矛盾较为突出，造成两型委推进“两型社会”建设的难度大。同时在政策环境方面，缺乏协调机制，使协调工作难以实施；缺乏综合管理框架，难以有效地组织和协调部门间的合作；其他各部门的配合意识参差不齐，各自为政，工作协调和实施较为困难。

11. 财政厅SWOT分析

(1)优势分析

财政厅的职能优势包括，组织贯彻执行国家财税方针政策，拟订和执行全省财政政策、改革方案，指导全省财政工作；承担省本级各项财政收支管理的责任，负责编制年度省本级预决算草案并组织执行；贯彻执行国家税收法律、行政法规和税收调整政策，反馈政策执行情况，提出调整建议；负责办理和监督省财政的经济发展支出、省级政府性投资项目的财政拨款，参与拟订省建设投资的有关政策，组织实施基本建设财务制度，负责有关政策性补贴和专项储备资金财政管理工作；完善省和市州、县市财力与事权相匹配的体制，逐步形成统一规范透明的财政转移支付制度，并建立健全省直管县财政体制，整合专项转移支付项目；围绕推进基本公共服务均等化和主体功能区建设，完善公共财政体系，调整优化财政支出结构；强化财税调节收入分配的职责，完善省与市州、县市政府间以及政府与企业间的分配政策，完善鼓励公益事业发展的财税政策，缩小地区之间、行业之间的收入分配差距，促进社会公平。财政厅内设税政法规处、乡镇财政管理处、税费改革办公室、预算处等机构，另外还包括两个局级单位，分别为湖南省财政国库管理局和湖南省财政监督监察局。

(2)不足分析

在业务能力方面，财务支出的监督管理涉及面广，难以执行。在制度改革与发展方面，当前无健全的资金使用监管体制，特别是针对地市/乡镇级别；无水资源治理相关的税费管理和统筹制度；需要遵循公开、透明的资金分配原则。

(3)机遇分析

财政部细化了财务监管政策，联合国家税务总局出台了《关于企业范围内荒山林地湖泊等占地城镇土地使用税有关政策的通知》等。

(4)威胁分析

湖南省“两型社会”建设中，既要发展经济，又要保护环境。这给财政厅拟定项目投资和进行财政资金拨款带来新的挑战，需要财政厅审时度势，更合理地分配资金。

12. 省人民代表大会SWOT分析

省人民代表大会依据法律和行政法规，制定和颁布地方性法规，并报全国人民代表大会常务委员会和国务院备案；讨论、决定湖南省的政治、经济、教育、科学、文化、卫生、环境和资源保护、民政、民族等工作的重大事项；根据省人民政府的建议，决定对省内国民经济和社会发展计划、预算的部分变更；监督省人民政府、省高级人民法院和省人民检察院的工作，联系省人民代表大会代表，受理人民群众对上述机关和国家工作人员的申诉和意见。除了省人大常委会内设的办事工作机构，另设有相关专业委员会，如环境与资源保护委员会、农业与农村委员会、财政经济委员会、内务司法委员会和法制委员会等。

省人民代表大会在逐步审议和细化与资源相关的具体实施办法，如 2013 年 12 月 31 日，与省水利厅等联合发布的《湖南省实施〈中华人民共和国水土保持法〉办法》，确立了水土流失调查公告制度，要求划定水土流失重点预防区和重点治理区，明确了县乡两级人民政府和村民委员会水土保持工作责任，并增设了禁止在水土流失重点预防区和重点治理区挖山洗砂及其处罚条款，增设了水土保持补偿费征收使用和管理的条款等。目的是保护全省水土资源、改善生态环境、保障经济社会可持续发展。

存在的不足之处在于，需要进一步加强群众参与力度，强化公共力量建设，政策法规仍需要进一步细化，特别是针对实施和监管方面。在外部机遇方面，全国人大常委会要求加强和发挥省人大常委会在立法工作中的主导作用，并规定完善人大代表参与立法的工作机制，做好立法项目论证、法律案通过前评估和立法后评估工作，健全法律草案公开征求意见工作机制和公众意见采纳情况反馈机制，加强法律解释工作，督促法律配套法规的制定和修改等。在外部威胁方面，需要审议和修改的法律法规涉及面广，相关法律的立改废工作繁重，困难重重。

二、湘江流域综合管理机制 SWOT 分析

1. 湘江流域管理机制现状

(1)湘江流域政府管理机制现状

2013 年为实现湘江流域综合管理，湖南省政府成立了湘江保护协调委员会。委员会主任由湖南省省长担任，副主任由湖南省各副省长担任，委员会成员包括湖南省政府副秘书长，26 位省级部门领导干部和流域内 8 市市长。委员会办公室设在湖南省水利厅。

协调委员会的主要职责包括，协调制订和执行湘江保护综合规划和部门规

划，制订年度工作计划和实施战略，协调联合执法，评估湘江保护活动、协调部门之间和地区之间的冲突和矛盾。为确保协调委员会高效开展工作，建立了良好的工作协调机制，包括年度会议制度：每年的年初举行，汇报前一年的工作，制订下一年的工作计划；每年一次到二次全体会议制度，研究安排并协调湘江保护的核心工作，每场会议都会做好备忘录；根据需要由相关部门提议召开专题工作会议。

协调委员会也面临一系列的问题。各部门对于各自相关的采取紧急行动保护流域价值的使命认识不足。地方政府未以部门指令和财政支持为先，持观望不作为态度。水资源管理方面存在机构之间职责不清和职责重叠的现象。例如，对水质监控这一项，生态环境厅、水利厅、住建厅和卫生厅都有自己的一套监测系统，但是其监控数据和信息不仅不向社会公布，各机构之间也未能共享，造成资金和设备的浪费。对饮用水的管理方面，生态环境厅、水利厅、住建厅都有所涉及，但各自使用不同标准。政府方面投资不足，缺乏社会及个人投资。缺乏机构之间的联合执法机制。例如，对于采沙活动的管理方面，挖砂船受水利厅管制，抽砂船受交通运输厅管制，责任的重叠导致了一些管理漏洞。缺乏顶层设计和完整的法律体系、水资源综合管理计划规划和法律法规的不足阻碍了湘江流域管理工作。急需建立落实完备的生态补偿机制、水资源管理条例、饮用水源保护机制、重要生态功能区保护机制。同时，《湘江流域保护综合方案》尚未通过中央政府审核，有关各部门计划尚在制订过程中。城市化进程迅速，水资源保护诉求日益增加。城市人口的增加和房地产行业的迅速发展，导致对水资源需求增长、水质下降。

(2)湘江流域管理中非政府组织参与现状

广义上的非政府组织是独立于政府之外的一切非营利性机构，包括非营利性组织、公民社会组织、第三部门和独立机构等。长株潭地区已经有大量的非政府组织参与流域管理的部分工作。主要作用和活动包括通过培训、教育和宣传向民众，尤其是基层民众传达资源节约和环境保护的政策和计划；促进企业之间、企业与政府之间以及政府、企业和市场之间的协作；以相对较低的成本贯彻执行环境保护政策；促进区域可持续发展，致力于扶贫、教育、跨文化交流和环境保护等。

世界自然基金会长沙项目办公室和湘潭环境保护协会是积极参与湘江流域管理的两大非政府组织。世界自然基金会长沙项目办公室成立于1999年，旨在保护生物多样性，监控水域上下游水资源和环境变化，宣传已发布的保护水资源和生物多样性的法规和政策以及支持流域综合管理。湘潭环境保护协会成立于2007年，主要负责宣传国家环境保护政策和法规，基于实地考察为湖南省人民政府环境改善提供建议，支持与自然资源保护相关的技术应用，表彰环境保护贡献者，开展宣传活动以传播环境保护知识和提高公众环保意识，报道环境污染情况并通过大众传媒和鼓励公众参与保护活动等后续行动提高环境质量。

另外，用水户协会也参与了湘江流域管理工作。湖南省共有3067个用水户协会，覆盖61.51%的乡镇。其中，1365个由乡镇政府组织建立，1702个由灌溉区的村民委员会组织建立。用水户协会的主要工作成果包括，改善水资源管理，增强了用水户节约用水的意识，减耗增收，加强了灌溉设施的管理和维护。

但用水户协会参与流域管理也面临着一系列问题。财政支持不足，技术水平低，用水户协会能力不足。目前已经制定了财政支持政策，但没有对用水户协会的实际投资，给灌溉设施的维护和协会的正常运行造成困难。农民收入相对较低，且大多数农民将水资源视为一种免费的资源，因此计收水费十分困难。用水户协会的成员都是来自当地村庄的农民，他们在水资源管理上的知识和技能非常有限。在用水户协会的规划、规范制定和执行中缺乏自下而上的参与。目前的用水户协会只负责按照地方政府的要求实施水资源利用和收取水费，水资源利用和节约最佳实践发展不足。用水户协会中的成员大都以志愿者形式参与，因此缺少参与有关活动的激励机制和积极性，且有时很难获得共事农民的理解和支持。

2. SWOT分析

目前，湘江流域的水资源管理取得了一定成效。资源节约型和环境友好型“两型社会”建设初具成果。在资源节约方面，单位面积生产所造成的能耗有所下降。全省农业占地5655万公顷，其中建立了30个国家及省级可持续再生经济示范区域。在环境保护方面，大批流域恢复项目相继得到实施，日均污水处理能力不断提高。在环境质量方面，植树造林、水源区保护以及生态重建项目均已得到落实。地表水全面达到饮用水质量标准，安全饮水覆盖面不断扩大。

湘江流域是流域资源管理实施进程中的一部分，生态补偿存在优势和不足，同时机遇和挑战并存。认识并分析好这四点问题是关键所在，将有助于加强机构职能，促进机构的发展、重组与合作，并增强生态补偿、流域管理和规划的作用。

(1)优势分析

湘江流域机构设置的管理涉及流域管理的规划、立法、实施、监督以及协调。诸如水利厅和生态环境厅此类机构，职能范围覆盖面广，既能够负责水资源的管理，又具有参与规划和监督的职责。在一些部门内，除了设置管理和规划处室外，其下属的监测站、气象站和水文站也为水域管理行动的有效实施奠定了坚实的基础。

部分政策在制定和实施的过程中经由多个部门参与和合作。根据每个部门的权力和作用，同时通过与其他部门的合作，一些部门联合出台了一系列的水域管理和发展规划。

根据生态环境厅有关污染物治理的要求，农业农村厅针对渔业水体的生态环境保护制订了生态农业和再生农业的发展规划，鼓励有关再生农业的技术研究和开发，并提供政府拨款或资金支持，同时，建立耕地质量和基本农田保护与改善政策，以促进节水农业的发展。

住建厅与发改委、生态环境厅以及财政厅联手，共同建立并实施了湖南省城镇水处理及再生利用设施建设规划、湖南省城镇生活垃圾无害化处理设施建设规划以及湖南省城镇污水垃圾处理及供水设施建设专项行动实施方案，落实各项环保政策，以控制污染源。

生态环境厅和水利厅联合部署了重点地区水域污染防治方案以及饮用水水源地环境保护计划的实施，组织建设环境友好型社会，参与省级重点功能区规划的构建，并制定湖南省重点地表水环境功能分区的地方标准。

水利厅组织研讨会，与物价局、水文局共同探讨水资源使用许可办法、水资源费用征收、水资源争议处理以及防洪示范系统的实施，建立省级防洪抗旱应急预案，并同时设置湘江流域水资源管理实施项目。

发改委、财政厅和林业厅共同评估制订湖南省林业发展规划，致力于林业生态系统保护、湿地保护与再造、野生动物保护与自然保护区建设以及城乡生态住房建设。

同时，湘江流域推动了政府部门与非政府组织之间的合作。发改委、两型委与国际组织——世界自然基金会共同启动了“长江美丽家园计划——浏阳河示范项目”。该项目着眼于浏阳河流域的水资源保护、林地和湿地管理、流域恢复、生态农业以及绿色工业园区的建设。此项目覆盖了“浏阳河—湘江—洞庭湖”流域，保护范围从水源地大围山森林公园开始，经河流中游的农业地区至下游的城市工业园区和湘江流域，最后延伸至洞庭湖和长江。项目建立了可持续农业生产示范区，在带来商业机遇并搭建公众参与平台的同时，惠及流域内20万公顷的湿地保护工作，保障了流域内居民的饮用水安全。

(2)不足分析

流域综合管理的不足主要集中在机构设置、职能和作用、人力资源、物力资源以及制度改革与发展等几个方面。

第一，部门之间的职能和作用存在交叉、界限模糊不清的情况(见表4-3)；同时水政部门各自为政，使得行政管理分化混乱，影响到对水资源的合理分配、有效利用及保护。例如，对流域内水污染的治防由农业农村厅、水利厅、住建厅和生态环境厅这四个部门来执行。其中生态环境厅和水利厅负责水环境的功能分区与监测，与此同时这四大部门又同时参与了污染防治并各自建立了流域内的污染物排放标准、实施规划以及水资源管理的政策和规定。此外，水域管理部门之间存在职能分割的问题。例如对于水量和水质的管理工作分别由水利厅和环保厅负责，这给流域内水资源管理带来了困难。

表4-3　　**湖南省省级水资源综合管理机构职能交叉情况及不足**

职能	部门	职能交叉情况	不足
水污染防治	水利厅、生态环境厅、农业农村厅、住建厅、水利厅及环保厅	(1)共同参与开发和规划水环境功能区，并负责水质监测；(2)均参与界定水体污染物承载量和流域污染防治之间的关系；(3)水资源管理规划、政策和规定的实施	(1)不同部门之间缺乏协调机制；(2)污水排放缺乏统一标准
跨界水污染治理的协调与管理	水利厅和生态环境厅	(1)生态环境厅具有指导和协调跨地区的环境问题和污染纠纷的行政权力与责任；(2)水利厅肩负河道管理的责任，有权管理和协调跨界水污染纠纷	(1)协作不足；(2)缺乏监测和评估体系
水资源利用与发展规划、政策和法规的制定	省人大、发改委、水利厅、生态环境厅、农业农村厅、住建厅	这些机构均有权制定计划、政策和法规	(1)缺乏综合总体规划 (2)缺乏各个利益相关方的参与机制
水资源管理监督	水利厅、生态环境厅、两型委、省人大	这些机构均对水量和水质的管理和监测负有监督职能	缺乏自下而上的参与性监测

续表

职能	部门	职能交叉情况	不足
法律法规的执行	水利厅、生态厅、农业农村厅、住建厅	这些机构均对湘江水域的污染物排放具有规范职能	缺乏执法职能；缺乏对法律法规的实施和监督进行审查的权力
城市水资源利用、保护和管理	水利厅、生态环境厅、住建厅	(1)水利厅与生态环境厅均有责任开发、保护和管理城市水资源；(2)住建厅负责有关水资源开发与水环境保护的城市基础设施项目，包括供水管道、排水管道及排污管道的建设；(3)这三个部门均有对供水、城市再生水、排水、污水处理和排放的监测责任	(1)水质管理缺乏自下而上的参与；(2)公众对水质的意识不足；(3)缺乏对管理措施的监督和评估

第二，部门内部存在职能冲突。例如，水利厅负责发展和开发自然资源，以促进社会经济发展，与此同时又负责保护这些资源。

第三，缺乏对水资源利用和管理的整体协调，当前政策、规定和规划的实施情况不透明以及对水资源的利用和管理方面的政策、规定和计划缺少监督和评估。在当前的机构设置中，各部门各自为政，相互之间缺少协调与配合。同时，对流域管理政策和规划的监督与评估不足，急需一个独立的监督和评估主体来确保政策和规划的有效实施。这给水域生态补偿机制运行带来困难。

第四，各部门在履行各自职责时缺少必要的保障条件。目前这些机构所履行的职责并不具备法律效力，它们无法强制污染排放企业所排放的污染物到达相关要求或者规范用水；此外，目前机构的资金来源高度依赖中央政府，缺乏资金使其无法开展有效行动。

第五，缺乏系统的数据共享。自然资源综合管理必须有一个完整完善的数据共享系统。然而，在目前的机构设置中，数据、信息共享和交流系统不健全。在相当长的一段时间里，水域行政管理部门各自为政，使得行政管理分散，各机构只是把数据和信息上报给各自的上级部门，因此造成各机构间的相关水资源的数据和信息获取困难，信息难以共享。

第六，缺乏基层参与和能力建设。例如，林业厅所管辖的林地大部分分散于山区，远离城镇，管理和监督难度大，导致其对林地保护工作意愿淡薄。此外，环境保护意识、相关知识和技术上的能力建设不足，造成水资源综合管理缺乏长远考虑与技术支持。而且目前对减少及消除污染物排放的规定偏重于处罚，而忽略了对相关意识的培养和行为的规范。

第七，流域管理能力建设不足。综合管理的范围包括水体、空气、土壤、气味、固体废物、化学品和机动车污染，但目前该领域缺乏先进设备和高学历人才。流域生态保护需要从多渠道筹资，但目前资金不足且仅有政府这一条筹资渠道。污水处理和垃圾无害化处理均需要建设资金，运营和维护费用较高，资金支持难以为继，致使许多污水处理厂和垃圾处理厂建成之后无法运营。人均水资源不足且质量差。根据《湖南省环境质量报告书》，仅36%的河流达到I~III类水质标准。河流流经城市地区时遭到污染，长沙、株洲、湘潭、衡阳和邵阳流域污染情况尤为严重。此外，使用化学药剂导致农业污染严重，破坏了湘江流域的生态系统；灌溉设备短缺，农业用水效率低下，使得用水需求量提高，并且时常遭遇洪水灾害。城市污水和废物处理设施不足，且运营和维护费用高，污水经常被排入湘江，破坏湘江生态系统。

第八，有关生态补偿机制的具体实施办法尚未制定。缺乏环境治理的相关政策和资金支持机制及污水和垃圾处理合理收费政策，因此需要在湖南省内开发高效的城市污水处理系统，出台再生水利用和城市生活垃圾处理设施建设、操作与维护标准及后续评价方针，并制定合理的城市用水、工业用水及灌溉用水水价。

(3)机遇分析

湖南省土壤肥沃，气候温和，水资源相对丰富，是区域经济发展的重要基础和条件。随着经济的发展，人们对生活环境和水资源利用率重要性的认知得到提高，产生了更加强烈的环保意愿。

环境保护和流域污染防治直接关系到我国环境政策和环境管理。国家和省政府先后出台了一系列环保政策，有利于湘江流域的综合治理。国务院颁布了《关于实行最严格的水资源管理制度的实施意见》，确定了三条红线，并正在建立水资源管理责任与评估系统和完善的水质监测系统。

国家和地方政府鼓励、加强湖南省“两型社会”发展，努力解决事关公众健康的环境问题，并提出了改革资源性产品价格，以及改善饮用水处理厂的策略，以减少能源消耗和氨、铁、锰元素的含量，并提高监管水平。

中央政府将湖南省列为重金属污染治理试点区，将湘江流域和湖南武陵山区纳入生态文明建设先行示范区。相关文件重点强调了工业导致的水和土壤污染以及农药和化肥的过度使用对农业用地造成的危害，严重危及农村环境。

在省级与地方层面，湖南省将湘江污染防治工作列为重中之重，全省新启动重金属污染治理项目，加强对重金属污染的处理，努力实现水质明显改善。着力处理农村地区的污染问题，力争把湘江打造成健康、富庶、和谐、丰盈的“东方莱茵河”。

2012 年 9 月 27 日，湖南省第十一届人民代表大会常务委员会第三十一次会议通过《湖南省湘江保护条例》。该条例于 2013 年 4 月 1 日生效，是我国第一部关于江河流域保护的综合性地方性法规，明确了湘江流域水资源保护、水污染防治、水岸线保护、生态保护的管理和法律责任。第 5 章第 68 条明确强调，省人民政府应当组织有关部门和湘江流域设区的市人民政府建立湘江流域生态补偿机制。

(4)威胁分析

湖南省的自然条件、社会经济发展状况和已有政策为湘江流域管理提供了机会，但与此同时，面临的挑战依然严峻，主要表现在：

水资源短缺。中国人均水资源仅是世界平均水平的 1/4。虽然南水北调工程能有效缓解北方地区水资源危机，但水资源短缺问题在南方仍然存在。湘江流域经济发展水平低，人口密度高。例如，在湘江流域，大约 4000 万人的日常用水来自湘江；由于灌溉设备不足，大部分人仍然采用传统的农业灌溉方式，致使农业用水效率较低。

水污染严重。化肥和农用化学品严重污染湘江水源。流域内主要人口集中在沿河经济发达地区，导致废水和废弃物排放增加。同时，民众污水处理和垃圾分类的意识较低。根据《湖南省环境质量报告》，只有 36%的河流符合 I ~ III 类水质标准。通常，支流比干流污染更严重。例如，在沅江、资江、湘江的 25 条支流中，约 72%未达到Ⅲ类水质标准。

政策不完善。虽然目前国家和地方政府推出了多项政策，并实施了一系列的保护项目，但仍缺乏适当的跨地区、跨部门/机构的协调机制，缺乏综合水资源管理政策框架，缺乏有效的跨区域流域综合管理生态补偿机制；没有针对水资源保护的污水、垃圾处理税费系统；缺乏相应的污染监控体系和立法体系。

3. SWOT 分析总结

在优势方面，各部门在自上而下的管理中遵循各自的职责，完成上级指派的工作和任务。通过 SWOT 分析发现，农业农村厅有责任防治农业方面的非点源污染；生态环境厅主要负责整体协调、监督和管理污染排放和生态系统保护问题；水利厅负责建设城镇污水处理及生活垃圾处理设施以减少污水排放；林业厅负责协调和监督森林湿地管理，以增加储水量，与此同时，在综合可操作范围内，多功能机构设置涵盖水域管理的规划、立法、实施、监控和协调，例如，水利厅和生态环境厅既可以实施水资源管理，又可以参与规划和监督过程。此外，不同政府部门之间存在着合作。一些部门还联合制订了一系列水域管理和发展规划，例如，生态环境厅和水利厅联合制订了水域污染防治规划和饮用水水资源环保规划。住建厅与发改委、生态环境厅和林业厅合作制订和实行了诸多污水及生活垃圾处理和再利用设施建设规划。

在不足方面，部门之间存在权责交叉和界限不清的情况。例如，涉及水污染治防的部门有农业农村厅、水利厅、住建厅和生态环境厅，而这四个部门又同时参与污染防治，并各自建立了流域内污染物排放标准以及水资源管理的部门规划、政策和规定的实施标准。水利厅、生态环境厅、两型委和省人大对水质水量管理和监测都具有监管职能。此外，现行机构设置在水资源利用和水域管理方面缺乏整体协调，部门大都各自为政，相互之间缺乏协调与配合；而且缺乏基层参与能力建设，目前对减少及杜绝污染物排放的规定偏重于处罚，而忽略了对相关意识的培养和行为的规范。

在机遇方面，水域环境保护和污染防治是一个重要的国家项目。国家和省级政府鼓励与助推湖南省“两型社会”的发展，并颁布了一系列湘江水域管理环境保护政策，例如国务院颁布了《关于实行最严格水资源管理制度的意见》；湖南省人民政府发布了《湖南省最严格水资源管理制度实施方案》。与此同时，由于职能有限，政府大力鼓励非政府组织、地方社团以及其他利益相关者参与湘江水域管理，例如，发改委、两型委以及国际组织——世界自然基金会(湖南)联合发起了“长江美丽家园计划——浏阳河示范项目”，旨在推动节约用水和森林湿地恢复。

在威胁方面，化肥使用和污水排放严重污染湘江水源，然而在政策方面，尽管国家和地方政府均发布了相关政策并针对重金属污染及工业活动和城镇污水造成的点源污染实行了一系列保护工程，但却并没有制订行动方案来治理非点源污染，如靠近湘江的农业地区、小规模畜牧业和村庄所带来的非点源污染。此外，仍缺乏适当的协调机制以及水资源综合管理框架(跨区域、跨部门和跨机构)，缺乏以保护水资源为目的的有效的生态补偿机制和污水垃圾处理税收体系，同时还缺乏有关监控网络和排放管理的立法体系。

第四节　湘江流域生态补偿主要举措分析

一、湖南省推行水环境生态补偿机制

2019年，湖南省政府出台了《流域生态保护补偿机制实施方案(试行)》(以下简称《方案》)，明确将在湘江、资水、沅水、澧水干流和重要的一、二级支流，以及其他流域面积在1800平方公里以上的河流，建立水质水量奖罚机制、流域横向生态保护补偿机制。主要做法为：

一是实施水质水量奖罚机制。对市州、县市区的流域断面水质、水量进行监测考核，水质达标、改善，获得奖励；水质恶化，实施处罚。如，当某地的出境断面水质优于Ⅲ类标准，或者比入境断面水质有改善，给予相应奖励；相反则给予相应处罚。同时，某地所有出境考核断面水量必须全部满足最小流量，否则扣减考核奖励。

二是实施流域横向生态保护补偿机制。流域的跨界断面水质只能更好，不能更差。如果上游的出境断面水质相比上年同期提升了，那么下游对上游进行补偿；如果水质下降了，上游给下游补偿。市州之间按每月80万元、县市区之间按每月20万元的标准相互补偿。鼓励上下游市州、县市区政府之间签订协议，建立流域横向生态保护补偿机制。《方案》发布1年内建立流域横向生态保护补偿机制，且签订3年补偿协议的市州、县市区，省级给予奖励。

《方案》明确，到2020年，全省85%以上市州、60%以上县市区建立流域横向生态保护补偿机制。各市州、县市区政府承担本行政区域内水环境质量保护和治理主体责任，省级主要负责引导建立跨市州的流域横向生态保护补偿机制。考核处罚和扣缴资金由省财政统筹用于流域生态补偿奖励。各市州、县市区获得的流域生态补偿资金，由当地政府统筹用于流域污染治理、流域生态补偿。

二、开展湘江流域水量水质生态补偿

为强化湘江流域各级政府生态保护责任，加强水污染防治工作，改善湘江流域水环境质量，湖南省政府出台了《湘江流域生态补偿(水质水量奖罚)暂行办法》。该办法在对湘江流域上游水源地区给予重点生态功能区转移支付财力补偿的基础上，遵循"按绩效奖罚"的原则，对湘江流域跨市、县断面进行水质、水量目标考核奖罚。污染越重，处罚越多，保护越好，奖励越多。其范围

为湘江干流及舂陵水、渌水、耒水、洣水、蒸水、涟水、潇水等流域面积超过5000平方公里及流域长度超过150公里的一级支流流经的市和县市区。

该办法根据跨市、县湘江流域断面水质、水量监测考核结果，对流域所在的市县进行奖罚，分水质目标考核奖罚、水质动态考核、最小流量限制三部分。水质考核污染因子分主要考核因子和辅助考核因子两类。主要考核因子为化学需氧量、氨氮、总磷、砷、镉、铅等6种。辅助考核因子为pH值、溶解氧、高锰酸盐指数、五日生化需氧量、总氮、铜、锌、氟化物、硒、汞、六价铬、氰化物、挥发酚、石油类、阴离子表面活性剂、硫化物等16种。考核因子根据水质变化情况和实际需要进行调整。

奖励方式包括水质目标考核奖励和水质动态考核奖励。当某地所有出境考核断面全部考核因子达到Ⅱ类标准的，给予适当奖励，全部考核因子达到Ⅰ类标准的，给予重点奖励。同时，某地所有出境断面平均水质比所有入境断面平均水质每提高一个类别，给予适当奖励。

同样，处罚方式也包括水质目标考核处罚和水质动态考核处罚。当某地出境断面主要考核因子低于Ⅲ类标准的，实施目标考核处罚。当某地出境断面水质比入境断面水质每下降一个类别，给予适当处罚。各主要考核因子单独计算超标扣缴金额，各断面的超标扣缴资金为6种主要考核因子超标处罚资金之和。某地所有出境考核断面水量必须全部满足最小流量且相应水功能区水质达标，否则视对下游的影响程度核减考核奖励直至取消。

湖南省组织对永州、衡阳、株洲、湘潭、长沙、郴州(含东江湖)、邵阳、娄底8市的考核，根据考核结果将生态补偿资金测算分配到各市，并按全市生态奖罚资金的一定比例核定市本级及所辖区生态奖罚资金额度。

获得的考核奖励资金主要用于湘江流域水污染防治(含监管能力建设及运营)、水资源管理、水资源节约、饮用水水源地保护、水土保持、生态保护、新能源和清洁能源利用、城镇垃圾污水处理设施建设及运营、安全饮水等生态保护与环境治理支出。

水质目标考核处罚资金则由湖南省省级财政统筹安排，作为水环境治理和水资源保护专项资金，用于湘江流域重点污染地区的污染治理、环境保护(含监管能力建设及运营)、水生态文明建设、水生态修复等。资金根据污染程度、国土面积、流域长度等因素，按因素法测算分配。

对获得水环境治理和水资源保护专项资金后连续三个月水质仍不达标的地区，或出现重大污染事故(含毁林等重大生态事故)，或水污染防治执法不严、整改措施不落实、限期整治未完成的地区，省级将采取项目限批、诫勉谈话、

“一票否决”以及扣减生态补偿资金等制约措施；对人为调整考核断面采样监测数据、干扰考核工作的，全额扣减当年生态补偿奖励资金，并视情况取消以后1~5年享受生态补偿奖励资金的资格。

三、开展湘江流域退耕还林还湿试点

湖南省以河长制为组织形式，自2017年开始由省林业厅牵头负责湘江流域8市退耕还林还湿试点建设，湘江流域退耕还林还湿项目点选址基本位于湘江干流或其一级支流，原来基本上是低洼农田，现在改造成污染源与河流之间的生态隔离带，主要用于净化农业面源污染和农村生活污水。项目建有收集、排水简易设施，使污水不需动力自然流经生态隔离带，经林地、湿地植物吸收降解污染物后再排入湘江及其支流。

仅2017年一年，湘江流域就已完成退耕还林还湿4631亩，为计划任务的107%。还林还湿建设的生态隔离带充分发挥效益，每年可净化污水8644万立方米，接近一座大型水库的库容。污水经过生态隔离带净化后，水质可以提升至Ⅳ类甚至局部Ⅲ类。同时，退耕还林还湿后，项目所在地形成良好的生态林及人工湿地景观，成为良好的休憩场所，还能吸引外地游客参观旅游。

四、开展湘赣渌水流域横向生态补偿

渌水是湘江的一级支流，发源于江西省杨岐山千拉岭以南、宜春市袁州区水江乡的大塘西北部山坳，从沧下流入萍乡境内，向西流经金鱼石入湖南醴陵境内。在江西省境内称萍水河，是萍乡市的母亲河；在湖南省境内叫渌水，是醴陵市的母亲河。赣湘两省财政、生态环境部门就建立渌水流域横向生态保护补偿机制进行了反复对接、充分沟通和友好协商，双方本着互惠互利、共同促进的原则，就渌水流域横向生态保护补偿协议达成一致，并与2019年7月正式签订了《渌水流域横向生态保护补偿协议》。

两省商定以位于江西省萍乡市与湖南省株洲市交界处的国家考核金鱼石断面水质为依据，实施渌水流域横向生态保护补偿。若金鱼石断面当月的水质类别达到或优于国家考核目标（Ⅲ类），湖南省拨付相应补偿资金给江西省；若金鱼石断面当月水质类别劣于国家考核目标（Ⅲ类），或当月出现由于上游原因引发的水质超标污染事件，江西省拨付相应补偿资金给湖南省。根据国家公布的水质监测数据和评价结果，按“月核算、年缴清”形式落实补偿。补偿期限暂定3年。

五、开展洞庭湖湿地生态补偿

湘江在向东流经永州、衡阳、株洲、湘潭、长沙，至湘阴县入洞庭湖后归长江。洞庭湖是我国第二大淡水湖，现有面积2625平方公里，约东洞庭湖面积1650平方公里，约占洞庭湖面积的62.9%。东洞庭湖是洞庭湖的本底湖，其独特和多样化的湿地生态环境孕育和承载了极其丰富的湿地自然资源。经科学考察，已记录到鸟类348种。其中，属于国家一级保护的有白鹤、白头鹤、东方白鹳、黑鹳、大鸨、中华秋沙鸭、白尾海雕等7种；属于二级保护的有小天鹅、鸳鸯、白枕鹤、灰鹤、白额雁等49种。还记录到淡水鱼类117种，野生和归化植物1186种。栖息着我国自然野化程度最高的麋鹿种群和比熊猫数量还稀少的长江江豚。东洞庭湖湿地因其丰富的生物多样性及其涵养水源、净化水质、固碳等诸多功能，被誉为重要的基因库、淡水库和不可替代的碳库。

湖南东洞庭湖国家级自然保护区成立于1982年，1984年经湖南省人民政府批准为省级自然保护区。1992年加入《拉姆萨尔公约》，成为我国首批六大国际重要湿地之一。1994年经国务院批准升格为国家级自然保护区，总面积19万公顷，其中核心区2.9万公顷，缓冲区3.64万公顷，实验区12.46万公顷。

2014年，东洞庭湖国家级自然保护区成为我国首批湿地生态效益补偿试点，补偿范围为东洞庭湖国家级自然保护区及其周边一公里范围；补偿实施单位为岳阳县、华容县、君山区、岳阳楼区、云溪区、汨罗市、屈原管理区、城陵矶新港区、湖南东洞庭湖国家级自然保护区管理局、岳阳市畜牧水产局、岳阳监狱。补偿对象为补偿区域范围内属于基本农田和第二轮土地承包范围内的耕地，且履行湿地保护义务、因鸟类等野生动物保护造成损失的承包经营权人以及因保护东洞庭湖湿地遭受损失或受到影响的湿地周边社区、村组。补偿方式有三种，一是直接补偿方式。由各县市区人民政府(管委会)直接以“一卡通”方式发放补偿资金，资金额度为整体补偿资金的65%，即2600万元。二是生态修复和环境整治。在补偿区域内实施生态修复和环境整治工程项目，资金额度为整体补偿资金的30%，即1200万元。三是以奖代补方式。由岳阳市人民政府对在湿地保护中作出突出贡献的个人(如优秀志愿者组织或协管员)、家庭(如生态家庭)或单位(如生态乡镇或社区)，以奖励方式进行补偿。资金额度为整体补偿资金的5%，即200万元。

六、创新开展长株潭城市群生态绿心地区生态补偿相关工作

2020年，湖南省政府为了在长株潭城市群地区建成生态绿色保护、产业

绿色转型、社会绿色发展的生态补偿长效机制，有效调动绿心地区生态环境保护的积极性，促进绿心地区经济社会生态协调发展，并最终建成与绿心地区发展相适应的多元化生态补偿体系，形成“生态优先、绿色发展”的新格局，创新开展长株潭城市群生态绿心地区生态补偿相关工作。

补偿区域主要包括长沙市的坪塘片区、暮云片区、同升片区、跳马片区、柏加—镇头片区等5个片区，湘潭市的九华片区、昭山片区、岳塘片区、湘潭高新片区、易俗河片区等5个片区，以及株洲市的天元片区、白马垄片区、云龙片区、荷塘片区等4个片区。生态补偿资金主要用于绿心地区生态环境保护、生态修复提质和与绿心地区生态环境保护有关的民生保障、移民安置、乡镇财力补助以及对企业搬迁的适当补助等，主要包括公益林生态补偿、水环境生态补偿、其他生态用地补偿、产业发展转型补偿、生态宜居乡村建设补偿、创新型市场化补偿等6类。

生态补偿分为定额补偿和定项补偿两种方式。定额补偿是指在确定绩效考核系数基础上，对绿心地区提供固定额度的补偿资金，原则上按照因素法分配。由省发展改革委和省两型社会建设服务中心牵头，会同省直有关部门联合制订年度考核方案，根据考核结果确定年度考核系数。由省财政厅综合考虑当年的财力情况与补偿需求以确定定额补偿资金基数，并根据定额补偿资金基数和考核系数将定额补偿资金拨付给长株潭三市。定项补偿是指绿心地区根据《长株潭城市群生态绿心地区总体规划(2010—2030)(2018年修改)》及相关政策要求申报的省级补助资金。按照“渠道不变、用途不变”的原则，定项补偿资金从省直有关单位的现有省级专项资金中统筹安排，原则上按项目法分配。

生态补偿资金的来源主要包括：一是根据法律法规规定设立的生态保护、补偿方面的资金；二是省人民政府和长株潭三市人民政府安排的财政性资金；三是长株潭城市群区域内土地出让收入中安排的资金；四是生态效益补偿费；五是社会捐赠；六是其他资金。

第五节　湘江流域生态补偿存在的问题

一、补偿机制有待健全

湖南的机构体制大体可以分为四个层级，分别为省级—市级—县级—乡镇。这种层级体制的好处在于，有利于自上而下的垂直管控，确保中央政府的统一指挥。行政层级设置过多的弊端在于机构臃肿，各层级、机构各自为政，工作效率低下，以及在跨部门协作上缺乏主动性，并可能滋生严重的官僚主义。从水资源管理的角度来看，层级体制造成行政机构职能范围与自然水域管理范围难以契合。在流域内，上游的管理行为或管理缺失势必对下游造成影响。这就要求整体的协作，包括省内各级行政机构之间相互协调。

当某个机构既要开发又要保护某种资源时，则会产生潜在的利益冲突。水资源管理组织具有高度综合性，其在水资源开发和管理方面承担的决策、实施、监管和评估的职责不是相互独立的。决策和实施不分离易导致效率低下，而监管和评估由同一机构执行更加加剧了这种风险。湘江流域生态补偿相关部门职责见表 4-4。

表 4-4　**湘江流域生态补偿相关部门职责**

编号	机构名称	主要职责
1	湖南省人民代表大会(省人大)	对涉及政治、经济、教育、科学、文化、卫生、环境和资源保护、民政事务等重大问题进行决议；对省政府、省高级人民法院和省人民检察院的工作进行监督
2	农业农村厅	农业发展战略和行动计划制定；农业灾害管理
3	长株潭“两型社会”试验区建设管委会	“环境友好型社会”建设协调和示范；“环境友好型社会”改革和行动成果绩效评估
4	湖南省发展和改革委员会(发改委)	湖南省社会经济规划和战略制定；经济改革和“环境友好型社会”推广；地方法律法规和价格改革
5	生态环境厅	环境保护战略制定；水质管理；生态系统保护
6	财政厅	财政政策制定；财务预算管理；税费法律、法规和政策制定
7	林业局	林业资源开发和管理；生态系统建设；自然保护区管理
8	住建厅	城市发展战略制定；污水处理；城市环境管理
9	水文局	水资源调研和水量水质研究
10	气象局	气象数据收集、分析和预报，如气象灾害预报；气候变化影响评估
11	统计局	统计数据发布和分析；经济核算；经济社会发展调研和分析
12	水利厅	水资源开发和水量水质管理；流域管理；水电开发；防汛抗旱

为实现流域综合管理，加强水资源管理，应对水资源管理战略实施中可能出现的矛盾冲突，湖南省政府成立了湘江保护协调委员会。该委员会主任由湖南省省长担任，副主任由各副省长担任，委员会成员包括湖南省政府副秘书长，二十六位省级部门领导干部和流域内八市市长。省水利厅厅长担任协调办公室主任。

然而，湘江保护协调委员会目前面临的一个重要挑战是缺乏湘江流域整体规划和完整的水资源综合管理法律框架、规划和法规。委员会面临的挑战有：(1)各部门对于各自相关的采取紧急行动保护流域价值的使命认识不足；地方政府未以部门指令和财政支持为先，持观望不作为态度；(2)管理有待加强：水资源管理权责不清或职责重叠，例如，生态环境厅、水利厅、住建厅和卫生厅各自实施水质监控，其数据信息不仅不向社会公布，各机构之间也未能共享；对饮用水的管理方面，水利厅、生态环境厅和住建厅都有涉及，但各自使用不同标准。(3)政府投资不足，社会及个人投资缺乏。(4)联合执法机制缺失，以采砂为例，河流和挖沙船作业受水利厅管控，河道和挖沙船作业受交通运输厅管制，权责的重叠导致了管理漏洞。(5)快速的城市化进程、城镇人口增加以及生活水平的提高，都造成了水资源保护的压力日益增加。

基于前面的分析，在实施湘江流域生态补偿和水资源综合管理过程中，湖南省当前机构设置存在以下问题：(1)职能欠缺、冗余。当前的机构设置存在相互交叉，一些职能出现了缺失、重叠或者冗余的情况。例如，在农业、林业、环保、水资源管理上出现了责任重叠，并缺少有效的协调机制，造成了生产与环保之间的矛盾，降低了管理部门的工作效率。缺乏一个全面协调的部门和协调机制，例如，对于污染治理，农业农村厅、生态环境厅和水利厅都建立了自己的项目，大量国家资金被投入同样的项目中，浪费了大量财力。(2)机构设置中没有把决策制定、实施、监管和评估的责任明确分开。在水资源管上，相关机构权力高度集中，决策和执行不分开，使得决策、执行、监管的机构都没有明确的职责，导致效率低下、容易滋生腐败。(3)缺乏全面协调机制。跨境管理和跨部门协作是成功实施生态补偿机制和水资源综合管理的要求。由于责任不明确和对利润的追逐，在现行的安排下跨部门协作非常困难。(4)机构设置的法律框架薄弱。机构改革的一条重要经验就是通过强制性法律确保政府机构和改革成果的相对稳定。湘江流域在此方面的法律还不是很完善。(5)公众参与度低。公众是生态补偿机制最终的实施者和实践者，公众权利的增加是机构能力建设的必要条件。(6)缺乏独立的机构绩效评估机制。机构绩效评估机制是实现水资源综合管理和落实生态补偿目标以及优化机构设置的重要举措。

另外，当前在湖南省乃至整个中国存在将法规视为一种惩罚手段，而非通过法规帮助公众规范其环保行为的现象。这样妨碍了从根本上杜绝或减少污染物排放的行为。例如，就污染防治而言，现行污染许可证制度存在以下问题：(1)现行污染许可证制度过于宽泛，缺乏标准规范和框架可循。实行和监控环节的职责须明确规定。(2)地方政府的现行管理体制无法有效管理和减少污染。在中国，单个企业申请污染排放许可证，须获得地方政府的许可和管理，然而，水污染问题常常具有跨地域和跨行政范围的特点，这些外在因素就导致了现行管理体制举步维艰，例如，由于缺乏中央政府的监督，地方政府可能会隐瞒排放源信息，阻碍环保条例的有效实行和监控。(3)相关政策间缺乏协调机制。现行点源污染防治政策涵盖诸多方面，如环境影响评估、污染许可证申报、排污费、时限性污染治理、总污染防治、环境信息管理和环境保护技术等，但是这些政策都相对独立和分散，缺乏规律性和标准化的沟通方式和协调机制，常常导致政策实行收效甚微；(4)尽管修订版《水污染防治法》大幅度提高了污染罚款额度，但是与企业超额排污所获额外利润相比，最大罚款额100万人民币仍然很低。此外，由于缺乏详细规则规定现金罚款的确切金额，罚款金额常常是基于执法人员的个人决定，这难免有失偏颇。

二、缺乏地方区域间的奖惩

湘江流域生态补偿暂行办法中关于补偿资金的配置仍然是对于省财政拨款的纵向分配，由于上下游之间缺乏有效的协商平台，流域上下游地方政府之间并没有建立起相关的更为密切的补偿或惩罚的横向联系。而横向的补偿，更具有针对性，上下流域之间在产业布局、经济发展特色等各方面有着更为密切的联系，在经济上有共生之处，产业间有互补之处。因而横向的流域生态补偿操作上也更为灵活，流域间保护者与受益者的权责有待进一步明确。

三、补偿方式有待拓展

资金补偿在短时期内能够弥补不同区域对于流域环境所花费的成本，但是类似“输血”式的补偿虽然在短时间内能对企业或居民因环保所带来的私人利益的减少进行补偿，却是难以持续的，需要探索参与主体的利益关注点，并有针对性地开展补偿。上游的企业与民众如何依托生态补偿，转变传统的生产和生活方式，需要依靠多种多样的补偿方式，如教育补偿、产业补偿、技术培训等；对上游不利于环保的产业进行升级，技术的更新换代，或以新兴产业进行替代，也是值得思考的。此外流域的城乡之间有不少生态经济交错区域，作为流域生态补偿的组成部分，城乡间的生态补偿也是可以探索的方向之一。

四、补偿标准有待完善

湘江流域上游的郴州、永州等地常常出现补偿成本较高，而补偿偏低的情况。“捧着金碗讨饭吃，饿着肚子保生态”是上游居民的生活常态。上游区域经济发展比不上湘江下游，而流域生态补偿的标准在省内是统一的，实际上各个地市对于流域治理所花的成本以及经济承受能力不一样，且当地企业与民众参与的意愿也不一样。笔者在调研期间了解到，以湘江流域对林区的补偿为例，分到保护区民众手中的才几十元一亩，远远不足以弥补生产成本的增加或是减少传统生活方式的损失。需要建立起一套较为系统客观的补偿标准，依据不同地区自然地理、经济社会发展状况作出相应的生态补偿。

第六节　湘江流域生态补偿对策与建议

一、明确湘江流域生态补偿政策内涵

生态补偿是指在中国范围内的为改进环境管理和环保成果而制定的一系列政策和项目，采用各级政府之间，或政府和利益相关者之间协商或规定的财政转移的方式，以土地利用、土地利用变化或环境指标(如植被、某种使用用途的土地的比例、水质和水量指标)改善等形式确定具体的目标，从而提高环境管理和保护效果，尤其用于提高水资源和流域管理。

“生态补偿”一词仅为中国独有，国际上没有与“生态补偿政策框架”类似的概念，但有一系列相关的政策工具和方法。对湘江流域而言，国际上与之关系最为紧密的方法就是水基金和生态系统服务付费。生态有偿服务或生态系统服务付费是国际上普遍采用的一种政策工具，有效弥补了传统命令与控制型的自上而下的流域管理方法的不足。可以说，这种方法与生态补偿最为类似。生态系统服务是生态系统服务受益人(如下游水资源使用者)和服务提供者(如上游土地使用者)之间的一种直接的契约协议。服务受益者不断向服务提供者就其提供的既定生态系统服务或与服务相关的土地使用/土地使用变化提供补偿。

生态有偿服务通常被定义为：(1)一种自愿的交易；(2)一个界定良好的生态系统服务或以土地利用方式来确保该生态系统服务；(3)至少有一个生态系统服务的买主；(4)至少有一个生态系统服务提供者；(5)只有提供者持续

提供生态系统服务或继续使用土地才付费(有前提条件)。生态系统服务见图4-1。

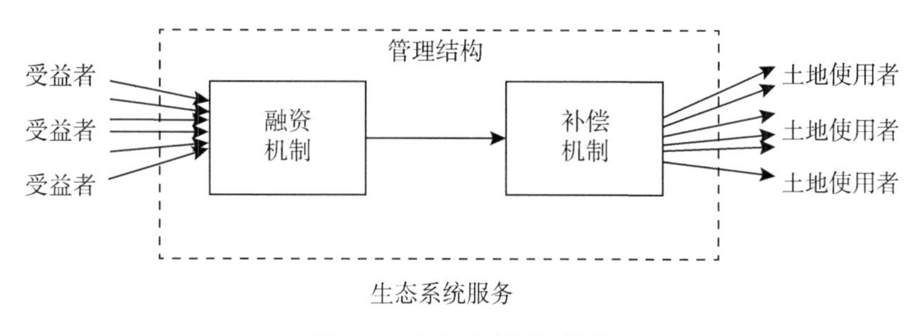

图 4-1　生态系统服务付费

当生态系统服务付费方案成功地实施后，生态系统服务付费能为土地管理者提供经济诱因，鼓励他们保护甚至改善土地管理，并提供流域保护、碳汇和保护生物多样性等生态系统服务。同时，随着进程的推进，土地使用者对土地生态价值的认识正如那些提供补偿的受益者一样也在逐步提高。

从国际上来说，多数情况下，对生态系统服务付费方案的管理被纳入了水基金中，建立水基金主要用于持续支持该生态系统服务付费方案。因此，生态系统服务付费成为水基金支持下可能实施的若干方案之一，也成了许多水基金中必不可少的组成部分。湘江流域生态补偿政策制定框架见图4-2。

二、完善湘江流域生态补偿组织方式

完善湘江流域生态补偿组织方式首先在于整合机构权力和职责。对于实施生态补偿和水资源综合管理的机构，应该明确其权力和职责范围，同时应建立合作机制，共同做出决策和执行各项策略。例如，由于湘江流域存在严重水资源污染，非常需要通过污染许可证制度来防治污染。(1)建立水资源污染许可证制度的标准规范和细则，明确污染许可证制度的目标，包括管理目标、管理范围以及管理责任和义务；建立资金信息公开系统以及合理的污染惩罚机制。(2)应建立全面协调机制，明确省、市、县和乡镇机构的关系和责任，并针对地方政府的监管和核查建立问责机制。(3)减少成本，提高政策实行效率。现有的点源污染防治政策应进行修改和改善并整合成一个政策体系。此外，为了让各级政府履行责任，应加强各级机构的协调工作，建立信息管理和分享平台，改善信息收集、处理和公开机制，建立综合监督和核查机制。(4)应设计

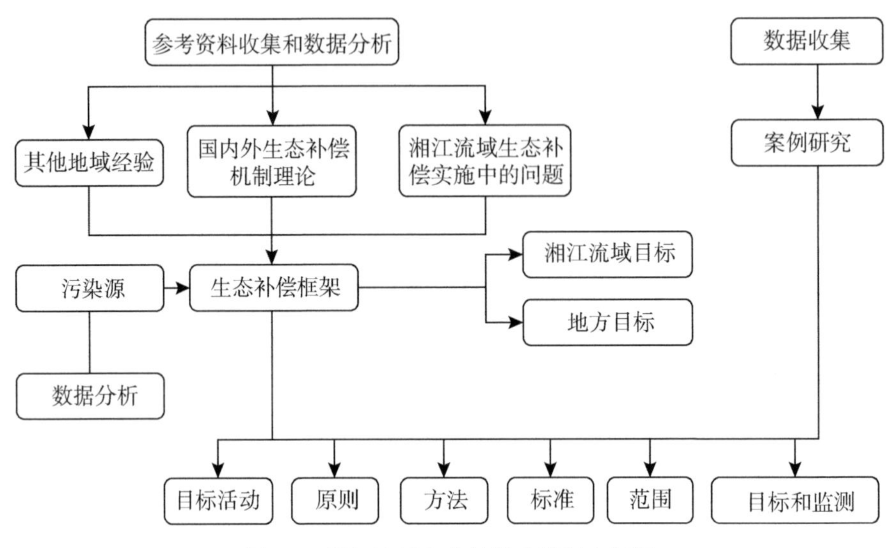

图 4-2　湘江流域生态补偿政策制定框架

污染许可证制度实行手册，包括污染许可证申请、过度污染的赔偿、审计、核查，以及污染防治问责制。此外，应根据具体的污染活动，采用多元化惩处方式，以确保污染排放在国家标准控制范围内。(5)加强能力建设和提高利益相关者的意识。当涉及与水有关的行业经济政策时，政策制定者需要有“水意识”，力求在因完全整合而可能导致混乱的方式与各部门盲目追求各自的狭义利益而无视大局的方式两者之间寻求平衡。(6)加强社区参与。资源为人们所“拥有”、使用和管理。让社区参与政策制定和实施，形成一条能将反馈和建议提到管理层的直接通道，可以最大限度地降低政府成本。这就需要规范建立用水户协会，在现有赋权框架下，增强现有用水户协会在水资源规划和管理、年度水资源分配及灌溉设施维护、水污染治理中的作用。

其次，要明确和加强两型委在实施生态补偿机制中的协调作用。目前，两型委还不是湘江保护协调委员会的成员机构，但两型委加入成为其中的执行机构很有必要，两型委可以负责湘江流域生态补偿机制的实施，特别是流域内的长株潭城市群生态补偿工作。湘江保护协调委员会所有成员和其他来自流域内地区的代表应共同讨论制定湘江流域生态补偿协议。该协议应覆盖所关注的领域，包括补偿的目标、预算计划和分配、资金使用、实施步骤、监测和评估体系。

在现有两型委机构内建立生态补偿管理委员会。生态补偿管理委员会的主要职责就是整体把握生态补偿规划和资金管理、开展通用或典型设计、接收检测和评估报告、核准资金拨付和寻求资金来源。在生态补偿管理委员会下，设立生态补偿执行委员会，由两型委的市县级业务部门组成。对于长株潭城市群以外没有两型委业务部门的县市，生态补偿执行任务可以分配给县级发改委。按照生态补偿管理委员会的要求，生态补偿执行委员会致力于已核准活动规划下的建议活动规划(设计、成本和收益估算)，开展已核准活动，接收和支出资金，实施地方监管和进行工作汇报。

为两型委建立专项资金/基金支持开展相关活动。资金的来源可以是：(1)湖南省政府每年拨给两型委用于“两型社会”建设与示范的经费。(2)使用水资源所收到的部分水费，并将其纳入专项资金。(3)中央政府关于湘江治理的财政拨款。

两型委负责专项资金的管理工作。两型委可以组织征集关于长株潭城市群生态环境保护项目建议书。两型委负责对建议书进行评估、资金分配、项目实施监测和评估以及资金审计。市、县级两型委业务部门和村镇代表皆可参与相关活动。

两型委应进一步提高水资源综合管理技术能力和建模能力，验证政策、战略和行动计划实施的效果，并管理和运营监测数据库。两型委需要建立综合的生态补偿实施和管理系统，其中包括开放式综合数据库、水资源信息系统模块，以便所有相关部门和社会大众了解湘江流域相关信息。

三、完善湘江流域生态补偿的主要和分层目标

完善湘江流域生态补偿要建立：(1)从重末端治理，到末端和源头治理并重的生态补偿机制；(2)从单纯政府主导，到引入市场机制、公众积极参与的生态补偿机制；(3)从主要依靠工程措施，到工程措施与管理措施并重的生态补偿机制；(4)从分部门的单一生态补偿，到基于流域水资源综合管理的多部门的综合生态补偿机制。

为改善湘江流域水质，提高对水的可用性预测和保障水资源安全，推荐采用经济激励措施，尤其是生态补偿，以鼓励可持续的土地和水资源利用行为。现行的做法是将管理作为一种惩罚性行动而非鼓励公众保护资源。

生态补偿将修订以往的管理方式，对提倡的行为进行奖励。湘江流域生态补偿政策目标为：(1)提升湘江流域及其支流的环境水质；(2)改善湘江流域及其支流的水流动态，使环境质量、生态效益得到改善，环境流量适宜，降低旱灾损失和洪涝损害，提升洪涝环境效益；(3)受益人、当地自然资源使用者

和管理者共同分担环境、生态管理费用。(4)通过建立生态补偿机制，对约定的自然资源管理行动进行激励来增强湘江流域及其支流利益相关者的环境和生态责任意识。

县级政府按照现有湘江保护协调委员会制订的湘江流域管理规划中的目标制定生态补偿行动管理目标。由县级匹配的实施单位(水利、林业、农业或国土资源部门，或其他的主要机构如农村水用户协会或农户/土地使用者群体)选择村庄进行干预，以达成其相关目标。行动计划、实施费用、村级目标编制应与村民委员会、乡(镇)政府和其他主要利益相关者密切协商后制定。

四、完善湘江流域生态补偿实施原则

实施生态补偿政策时应遵循以下原则：(1)应选择行政级别最低、最合适的管理机构对各项行动进行管理。(2)财政支付应视行动具体目标的实现情况而定。(3)具体行动目标实现情况与行动实施管理机构负责人的绩效评估相关。(4)行动成本来源：①中央政府；②省级政府；③县级政府；④当地社区。成本既包括资金也包括实物资本。(5)建立生态补偿基金，对所有资金进行管理。

五、构建更为完善的农业生态补贴政策

农业生态补偿就是通过补偿，从源头上对人类生产及生活方式进行调节，推动流域水生态与环境状况的改善。其主要形式包括：(1)农业环境补贴，即根据土地和作物类型，每年按照种植面积进行补贴。在特殊情况下(如气候变化、生物多样性保护等)，该补贴上限将适当增加。(2)针对生态农业的其他扶持措施，即提供农场现代化培训与咨询服务，开展农产品加工和营销投资，支持非农业活动的多样化和开发旅游项目等。(3)单一农场补贴，该补贴不与农民种植作物、养殖牲畜的类型与规模挂钩，给农户的生产决策提供了更多空间，增加了生态耕作农户种植作物和饲养牲畜的自主性和灵活性。

湘江流域未来农业生态补偿的方向为：(1)扩充农业补贴的方式与结构，从以保粮食安全的农业补贴，向兼顾保生态安全的农业补贴体系过度；(2)调整生态补偿金的使用方式，从以支持生态治理项目为主，逐步转向扶持农村基层的有机化、绿色农业生产组织和协会等；出台并实施农作物化肥农药使用标准，并据此确定相应的农业生态补贴额度；(3)通过补贴政策，鼓励农地集约化、规模化的耕种和经营方式，实现农田面源污染源可控。

六、充分发挥市场机制在生态补偿中的作用

首先，要开展流域生态服务交易模式的创新，即通过信用证交易、产权交易、排污权交易等方式，将生态服务价值市场化，并通过市场来对生态禀赋进行重新配置。国外生态服务交易模式见表4-5。

表4-5　　国外生态服务交易模式

主要案例	市场特征	主要举措
美国的流域银行系统	信用证交易	主要为水质信用交易，其中非点源污染者的信用通过采取被认可的最优管理行动而获得；当在特定时段被确认和计量的污染减排被转换为“减排信用证书”后，该信用额度可以用于交易
哥斯达黎加的生态服务支付计划	产权交易	私有土地所有者与公司或公共机构签署合同，承诺放弃部分污染权利，实施保护或重新造林的措施
新南威尔士的盐分排放许可交易	排污权交易	通过引入流域盐度上限和盐分排放许可证分配，赋予污染者盐分排放的权利。政府允许排放权交易，也允许排放者从盐分减排土地使用者手中购买盐分许可，鼓励森林再造和土地生态利用

其次，可通过创新融资体系，盘活生态资产，为生态补偿提供资金保障。目前国外主要通过使用者收费、私营部门付费、政府债券、水银行、自然债务互换、信托基金等模式在市场上获取生态补偿资金，并保证其运转(见表4-6)。

表4-6　　国外生态补偿金融体系

机制	描述	案例
使用者收费	向消费者收取的流域管理费	提高水价以筹集流域生态补偿费用，纽约(美国)、伯尔尼(瑞士)、埃雷迪亚(哥斯达黎加)、Pimampiro(厄瓜多尔)
私营部门付费	支付生态补偿费用的商家需要维持收入，或者作为建立声誉的资助	由哥斯达黎加的水电公司和法国雀巢公司支付的流域生态补偿费用

续表

机制	描述	案例
政府债券	由具有法律权利的、相信能够筹集到资金来偿还的机构进行公共借贷融资的方案	纽约通过发行债券来筹集流域管理项目的资金，以取代费用更高的过滤装置
水银行	为水利基础设施建设融资，由水资源管理部门合作设立的银行	荷兰水银行
自然债务互换	公共债务由外部机构按照一定折扣购买，如NGO，以此作为交换来资助保护行为	潜在未来流域服务资助模式的应用
信托基金	捐赠基金用于水利基础设施和流域管理	水保护基金，利用投资收益资助城市供水流域管理

最后，需要针对流域生态服务的买卖双方主体和服务内容设计补偿机制。生态服务的价值通常体现在具体的生态服务提供过程中。当生态产品买卖双方责权界限清晰，生态服务效益明显时，可让买卖双方自主设计生态服务购买的具体内容，并根据实际需要来签订生态补偿协议。国外生态服务购买案例见表4-7。

表4-7　**国外生态服务购买案例**

补偿行为	流域提供的服务	服务买方	服务卖方	案例
植树造林	控制土壤盐度，提供淡水	下游农民协会	政府和上游土地所有者	澳大利亚墨累-达令流域
减少输入、农场管理	控制水质，提供淡水	私人瓶装矿泉水公司	上游农民	法国莱茵河-马斯河流域
保护、可持续管理和造林	提供淡水和野生动物栖息地	国家林业办公室和国家森林资助资金(FONAFIFO)	上游私有土地所有者	哥斯达黎加
保护、可持续管理和造林	水电开发与径流调控	Energia Global（水电公司）和FONAFIFO	上游私有土地所有者	哥斯达黎加Sarapiqui流域

续表

补偿行为	流域提供的服务	服务买方	服务卖方	案例
水土保持	水土保持、控制泥沙、控制水质、径流调控	美国农业部(政府)	农民	美国
流域恢复	提供淡水和野生动物栖息地	巴拉那州(政府)	自治市和私有土地所有者	巴西巴拉那州

七、构建湘江流域生态补偿基金

生态补偿政策需要源源不断的资金支持，启动一项专门从事生态补偿活动的基金有利于更好地评估各项补偿活动的效率，推动区域治理。该项基金可命名为湘江流域生态补偿基金。水基金在国际上越来越受追捧。基金可以成为有效的机制和平台，促进对流域内各种自然资源保护、修复和管理的投资。多数国家的传统水资源管理政策往往忽略环境友好型农业、畜牧业和农林业实践所打造的自然生态系统(例如森林和湿地)和提供的生态服务，对此投入的资金也不足。然而，人们越来越意识到，它们能为水资源的可持续性发展提供重要服务，产生重要作用，因而能产生切实重大的经济效益。

湖南省成立和发展湘江流域生态补偿基金，能有效地在更大的流域规划框架内确定生态补偿工具和项目。这将有助于推动建立一个更加完整、灵活和适应性强的整体管理框架。湘江流域生态补偿基金将开启针对流域内目标明确的、面向某些产业或地点的具体实施活动。随着经验的累积以及资金扶持活动的成功实施，基金规模将得到增长。

1. 生态补偿基金管理模式

资金通过生态补偿基金收集和支付。该基金(将适时扩展成为湘江流域生态补偿基金)由“两型委”管理，省财政厅监管。在与相关县政府协商并得到批准后，可以向目标村庄支付实施资金。支付比例将根据商定的目标实施成效而定(如具体实施和成果)。初步的实施条款应由县级政府制定，草案应考虑村民委员会的直接参与，并将与他们直接签订，同时应与国家在农村的投资计划的趋势一致(如退耕还林计划，该计划直接与农户签订协议并且将费用直接支付给农户)。

国内外关于流域管理的创新生态补偿的最佳案例表明，实施和进一步完善湘江流域生态补偿政策框架和机制的最佳方式是建立湘江流域生态补偿基金。该基金需明确基金设立、资金来源、组织和管理、资金利用决策、资金支持的活动的监测和核查制度等制度安排。

排除企业为了遵守取水和排水的许可要求而进行就地管理的活动后，当前用于湘江流域水量和水质管理的大部分资金来源于政府预算，由水利厅、环境保护厅、住房和建设厅等主要政府机构负责。湘江流域生态补偿方案的延伸可提高现有融资渠道的效力，可以通过在共同框架下对预算做出更好的协作使用来实现。同时可通过吸引更为广泛的经济主体向流域提供更多的资金源，从而为水资源保护提供了一个可以拓宽融资基础的平台。

非点源污染治理行动需要数个机构的投入和支持。为将此项工作作为重点，促进各机构之间通力合作，并为地方相关活动支付费用，建议成立省级湘江流域生态补偿基金。最初，该基金应用于长株潭区域，在"两型委"的引导下用于具体的实施措施、领域和区域。之后，湘江流域生态补偿基金使用可扩展到以生态补偿解决湘江流域的难题，由湖南省人民政府对其管理结构进行决策。该基金支持：(1)非点源污染三年行动计划编制，包含地方非点源污染防控行动总体设计及水资源管理知识意识行动；(2)非点源污染防控总体设计和知识意识行动在县级和地方的实施；(3)为实施推荐的最佳管理实践的农民和村民提供奖励。生态补偿基金一般由中央财政划拨到湖南省财政，但这些资金非常有限。故应寻求其他资金来源，如地方政府和受益者出资。由于流域内的各级政府负责生态保护和环境污染治理，故地方政府应根据 GDP、人口、财政收入和水使用情况来分配每年的补偿金额。

减少非点源污染将有助于降低湘江流域河流的污染物负荷，且中国政府也在推进排污交易制度，一旦设立流域河流中氮、磷等污染物全面限制和管控标准，这些污染物的排污交易也将开始试行。湘江流域生态补偿基金可用于管理通过排污交易筹集的资金，进而扩大实施非点源污染防控的资金来源。

湘江流域生态补偿基金应由湘江保护协调委员会进行管理和使用，以增强对湘江流域的管理，协调活动开展，减少湖南省政府各部门以及非政府利益相关者通过生态补偿机制进行湘江流域管理时的冲突。鉴于"两型委"在生态补偿开发过程中所承担的作用，"两型委"应被列入湘江保护协调委员会。"两型委"的身份可以设定为基金管理员。湘江流域生态补偿基金工作组包括指导委员会以及由湘江保护协调委员会成员组成的工作组。

2. 生态补偿基金结构

湘江流域生态补偿基金可打造成为一个专业的资金池或平台，用于支持对流域内基于自然的功能与服务的投资。基金金融支持和投资目标受制于直截了当的经济思维：受益者应当等值支付他们所享受到的生态服务以弥补服务成本，所做的投资应利用现有金融资源使产出效率最大化。这一思维同样意味着基金扶持的措施常用到基于激励和成果的工具和机制，如生态系统服务付费。

最直接的资金来源就是向水使用者(住户、工业和农业)计收水费或征税。基金一旦创立，它还可产生以下效果：(1)旅游相关产业因自然风光、生态多样性和水质得到改善而受益。(2)农业的获益来源于为改善流域和水资源状况而做的工作。(3)其他区域经济行为主体受益于水资源危机得以缓解从而确保了经济环境稳定。

而为基金提供资金的基础源于保护环境和有能力付费的社会责任感(可以从 GDP 中体现)。这种情况下，基金的资金来源可以依赖于收入或支出的税收。可以通过目标明确的基金来集中所有金融资源。资源的集中往往可以通过提高其他潜在行为主体的参与意愿度来帮助基金顺利运转，因为它代表着政府非常愿意以一种可持续、有效率的方式解决流域资源所面临的挑战。湘江流域生态补偿基金的建立同样可以被当成是向中央政府发出的信号，即湖南省在十分认真地解决湘江流域管理上的挑战。反过来，这也使得中央政府更加愿意向湖南省提供支持。与此同时，水基金在国际上被认为是一个十分有效的沟通工具和平台，可以更好地鼓励和教育流域内的潜在捐赠者和主要利益相关者，帮助他们认识到他们对流域的影响以及对生态保护投资的价值。

湘江流域生态补偿基金可以有多种结构(见表 4-8)。为了推进更完整、更积极有效的湘江流域管理，混合基金结构被认为是最理想的结构。

3. 生态补偿基金的主要发展步骤

水基金是指结合多种筹资渠道的金融机制，该基金为流域地区的关键利益相关者之间的谈判和决策制定提供了平台，该基金的创立有利于更持续有效地筹集资金，协调流域内的环境保护和管理活动。这种基金在拉美地区日益流行，其发展主要包括以下五个步骤：

第一，进行可行性评估。首先确定水基金是不是提高流域管理效果的有效机制。因此，该步骤需要进行一系列技术研究，进而发现流域关键的环境、制度和法律问题，然后对基金活动和干预措施进行经济成本和效益估算。评估主

表 4-8　　**湘江流域生态补偿基金选择**

	方案 1： **创立独立基金** 使用独立拨款专项资金开展湘江流域生态补偿项目	**方案 2：** **协调预算资金** 相关垂直机构用于支持湘江流域生态补偿基金活动的部门预算和特别项目	**方案 3：** **混合基金结构** 由用于新的实施活动的专项资金和用于支持湘江流域生态补偿基金的垂直机构项目预算共同组成
优点	(1)与其他独立的水资源环境管理部门的预算进行区分；(2)可用于政府预算资金未曾涉足的创新灵活的生态补偿项目活动	(1)无须投入新资金；(2)有助于推动机构间在流域投资上的大量合作；(3)减少资金重复利用和冲突(例如林业和水资源部门在水土流失防治上的投入)以及增加项目预算资金的有效性	(1)资金渠道多样化 (2)促进两者融合(协调预算资金，提高其使用效率)，推进切实管理(通过生态补偿项目，增强其灵活处理新问题和应对差距的能力)
缺点	(1)需获取新拨款资金；(2)能否可持续取决于政府是否愿意坚持投入	取决于为机构间开展大量合作探索有效做法，目前暂无实例	因资金结构更复杂，要求更大力度的行政管理

要包括以下步骤：(1)创建一个工作组，推广水基金理念和组织工作。工作组成员包括主要的政府代表和与流域相关的其他利益相关者；(2)进行技术分析，确定当前水资源和水质状况与问题，以及解决这些问题的潜在干预措施；(3)进行成本效益分析，确定哪些干预措施可以最有效地实现既定目标；(4)进行法律和制度分析，阐明水基金如何在无冲突的情况下建立和运行，以及在可能的情况下水基金如何巩固和支持原有的法律和政策；(5)做出最终评价，根据以上分析，评价建立流域环境保护和修复的融资机制是不是一种成本效益分析上的有效途径以及该机制是否可以更好地改善现有水资源管理制度。

第二，进行基金设计。一旦确定水基金是一种成本效益分析上的有效途径，则需要设计基金，设计具体要根据不同的情况而定。首先，需要确定基金的资金来源，资金可以来自水用户、政府财政拨款、捐助者、私营部门的利益相关者，以及其他关键利益相关者，如地方政府。部分设计应包括确定和发展基金的可持续资金来源。例如，水基金的某些部分常包含在“捐赠基金”里，利息收益可以作为基金的长期可持续资金来源。

第三，建立基金管理和实施框架。通常董事会负责发展和完善基金的一般准则，而执行机构由合作机构代表和私营部门的主要利益相关者如工业和农业土地使用者组成，主要决定水基金的投资方式。

第四，制订战略计划。这一步工作是工作组在最初的可行性评估阶段建立一个由主要政府伙伴和利益相关者组成的代表机构，并制定战略计划，规定基金可支持的干预措施和活动。这一步骤主要取决于具体情况和其他现有的法律和监管框架以及干预措施，但同时也要基于技术、制度和经济分析，最理想的是要针对原有流域管理框架下管理不甚理想的目标活动，如主要自然生态系统和土地利用的保护和修复。初步战略计划制订后，便可以启动基金支持的活动，也可以开始资金管理运作。这些活动的启动取决于战略计划及基金设计和管理结构。

第五，开展监测、评价和适应性管理。监测基金支持的干预措施，对实施成果进行评估，并根据评估结果修改基金运作和干预措施。水基金设立和运作最终是一种适应性过程，需要根据各种科技、金融、社会和政治因素，不断修改和调整目标、干预措施和指标。然而，不要把这些问题当成基金正常活动的一个阻力，而应该把对基金的持续评估及其适应性过程视为一种机遇：随着时间的推移，过程不断得以改善，找到较好的做法从而提升基金业绩。

八、开展非点源污染生态补偿

目前湘江流域面临的最严重的环境问题便是排入湘江的非点源污染物，由于存在着大规模家禽和养猪业、农场化肥和农药使用量超标及快速发展的渔业活动，湘江污染严重超标。此外，居民污染也存在。考虑到这些突出问题，有必要采取生态补偿措施防治非点源污染，建议采用生态补偿手段优化农场繁育结构，减少化肥和农药使用量，建设污水排放和垃圾处理设施。

建议以现有机构设置中的突出问题为突破口，在湘江流域实行生态补偿试点，设立国家级生态补偿湘江流域专项基金，解决流域生态补偿难题。在以下几个方面急需采取措施：(1)畜禽业和渔业污染防治：湘江流域存在着大规模农场养殖活动。尽管在污染治理期间关闭了一些农场，但还有一些农场的污染治理水平低下，导致排入湘江的总污染量增加；有必要对农业养殖造成的污染进行系统的治理，具体措施是选取湘江流域的重点区域为试点区域，实行大规模的畜禽业治理，开展长期有效的污染防治，并通过示范区推广成功模式；(2)为了减少养殖活动，湖南各级政府应为停止动物养殖的农民设计并推行补偿机制。在生态产业或环保产品方面取得先进成果并参与循环经济项目的个体和企业，应享有优惠商品税、所得税减免或优先和优惠的贷款政策；(3)污水和垃圾处理设施建设：建议增扩城镇污水和垃圾处理设施；改善已建的配套污水收集管网和处理厂，提高操作负载因数。严禁城乡污水和垃圾/土壤向江河排放和倾倒。

生态补偿资金通常是由中央财政向湖南省划拨款项。由于资金有限，应开发多种投资渠道。湘江流域的各级政府作为生态补偿负责人，应承担生态保护和环境污染防治的责任和义务。地方政府应根据地区生产总值、人口、财政收入和用水量等多方因素来分配每年的补偿金额。各地区所筹措的湘江流域生态补偿专项资金应用于流域生态和环境保护与污染防治，根据湘江流域上下游区域确定的生态补偿标准，并以财政部门间转账方式支付。另外，水资源和化肥使用可能会增加财政收入。一部分水资源收费将被纳入水污染防治生态补偿专项账户。此外，肥料制造商得到了多种形式的补贴，特别是 2003 年以来的低能源价格和退税，导致肥料生产成本和零售价格低廉，农民可以购买和使用更多的肥料。在过去这样的方法助长了化肥的过度使用，造成了严重的环境污染。因此，政府须取消这样的扭曲性税收(实行全额税)，更注重向农民提供更好的农作物养分管理建议。

通过农民协会的宣传，让农民掌握更好的农业化学(化肥和农药)应用知识：农民和公众对于过度使用肥料和农药的不良后果缺乏认识，包括普遍不了解正确的用量，是影响这些基本农资产品合理使用的主要问题。此外，农村家庭承包责任制允许农民根据市场需求自行确定种植的农作物种类(不同于早期国家体制决定农作物生产目标)，导致了肥料和农药的多元化需求，给农业农村厅及市、县、镇级业务部门推广人员的农业技术推广带来了挑战。农民正在转变以应对这些挑战，但与此同时还应成立各种农民技术协会来更好地组织农民加强信息交流。近些年来，已出台法律和法规推广农民协会，帮助农民更好地掌握技术援助和市场信息。

湘江流域生态补偿资金应由相关部门共同管理，并根据地区政府提交的项目需求来分拨款项。所拨款项由国家财政部门管理，并由省级环保部门和财政部门监督。同时，务必制定生态补偿基金管理措施，规范细节，建立实施评估机制，实行生态补偿报表体系和部门年审体制。监督部门应评估和检查针对非点源管理的生态补偿实施，包括监督体系、资金支付和协调机制，与此同时，各级政府和相关部门应定期向公众公布重大生态补偿项目进度并接受公众监督。

九、完善洞庭湖湿地生态补偿机制

生态效益补偿的实施，充分调动了利益相关者保护湿地的积极性，产生了良好的影响，缓解了东洞庭湖国家级自然保护区与周边的矛盾，促进了保护区与社区间的协调发展，成效明显。但也存在以下主要问题：(1)补偿缺乏连续性。湿地生态补偿实施后，人民群众形成了补偿的心理预期，由于补偿政策仅实施了一年，补偿制度缺乏连续性，老百姓纷纷提出诉求，产生了新的矛盾。(2)补偿区域划分单一。生态效益补偿区域为保护区及其周边一公里区域。未涉及未在保护区及其周边一公里范围内，但湿地保护非常重要的地域，如湘阴的横岭湖等区域。(3)未将渔民、苇民纳入补偿对象。补偿对象为补偿区域范围内，属于基本农田和第二轮土地承包范围内的耕地，且履行湿地保护义务、因鸟类等野生动物保护造成损失的承包经营权人。东洞庭湖还有大量渔民、苇民等，他们对湿地保护至关重要，未将其纳入补偿对象。(4)补偿资金额度少。东洞庭湖国家级自然保护区范围广，耕地面积大。在实际补偿中，保护区范围内，按20~40元/亩标准补偿；保护区周边一公里范围内，按10~20元/亩标准补偿；补偿资金额度少。(5)补偿没有突出重点区域。没有建立“鸟类等野生动物保护造成的损失”的专业、权威的认定机构。没有突出鸟类及其他野生动物栖息地生态地位特别重要的区域，如君山区的采桑湖、君山后湖，岳阳县的中洲，华容县的团洲等重点区域，补偿处于“普惠”状态。(6)麋鹿保护压力巨大。东洞庭湖有国家一级保护动物麋鹿120余头，麋鹿食源补给地、救护设施设备、救护站等建设严重滞后。由于受洪水围困，麋鹿上岸后在农田、旱土内栖息，对农作物的损害非常严重，而且具有长期性。据统计，受损严重的超过80%，少的也在30%左右，直接经济损失巨大，农户要求赔偿的诉求十分强烈，当前缺乏有关补偿的制度设计和资金安排，地方政府和林业部门压力巨大。

完善洞庭湖湿地生态补偿机制首先需要建立省级湿地生态补偿资金，将补偿资金纳入年度省级财政预算，持续开展生态补偿，并逐步健全各项工作机制。加强麋鹿保护力度。省级财政安排麋鹿保护专项资金，支持东洞庭湖麋鹿救护和麋鹿避难所建设。建立“鸟类等野生动物保护造成的损失”的认定机构。制定损失认定程序，将损失结论作为补偿的重要依据。“鸟类等野生动物保护造成的损失”的认定工作经费，列入生态补偿资金，以利于监督、评估和验收等工作。

其次，按面积、人口等数据，制定统一的补偿标准。同时要突出重点区域，东洞庭湖作为洞庭湖乃至长江流域生物多样性最为丰富的区域之一，生态贡献大，应被列为生态补偿的重点区域，提高其生态效益补偿资金额度。

最后，渔业和苇业是东洞庭湖湿地重要的生产方式之一，在湿地及其生物多样性保护过程中，渔民和苇民作出了积极贡献，在湿地生态效益补偿中，应将渔民和苇民纳入补偿对象。

参考文献

[1]白占国，刘昌明，陈莹，等．绿水信贷及其在中国流域生态补偿中的应用[J]．水利经济，2015(4)：66-71，80.

[2]程雯婷．基于生态足迹的流域生态补偿研究——以湘江流域为例[J]．经贸实践，2018(9)：22-23.

[3]杜丽永，蔡志坚，杨加猛，等．运用 Spike 模型分析 CVM 中零响应对价值评估的影响——以南京市居民对长江流域生态补偿的支付意愿为例[J]．自然资源学报，2013(7)：1007-1018.

[4]杜林远．我国流域水资源生态补偿制度框架研究[M]．北京：经济科学出版社，2018.

[5]杜林远，高红贵．我国流域水资源生态补偿标准量化研究——以湖南湘江流域为例[J]．中南财经政法大学学报，2018(2)：43-50.

[6]杜群，陈真亮．论流域生态补偿“共同但有差别的责任”——基于水质目标的法律分析[J]．中国地质大学学报(社会科学版)，2014(1)：9-16.

[7]段靖，严岩，王丹寅，等．流域生态补偿标准中成本核算的原理分析与方法改进[J]．生态学报，2010(1)：221-227.

[8]樊辉，赵敏娟．流域生态补偿：基于全价值的视角[M]．北京：社会科学文献出版社，2018.

[9]郭梅，许振成，夏斌，等．跨省流域生态补偿机制的创新——基于区域治理的视角[J]．生态与农村环境学报，2013(1)：541-544.

[10]郭文献，付意成，张龙飞．流域生态补偿社会资本模拟[J]．中国人口·资源与环境，2014(7)：18-22.

[11]胡东滨，刘辉武．基于演化博弈的流域生态补偿标准研究——以湘江流域为例[J]．湖南社会科学，2019(3)：114-120.

[12]胡振华，刘景月，钟美瑞，等．基于演化博弈的跨界流域生态补偿利益均衡分析——以漓江流域为例[J]．经济地理，2016(6)：42-49.

[13]胡蓉，燕爽．基于演化博弈的流域生态补偿模式研究[J]．东北财经大学

学报，2016(3)：3-11.
[14]胡曾曾．流域区域生态补偿资金分配方式探索——基于流域环境经济功能分区视角[J]，林业经济，2019(12)：43-50.
[15]黄薇，李浩，尹正杰．赤水河流域生态补偿技术研究[M]．武汉：长江出版社，2012.
[16]金淑婷，杨永春，李博，等．内陆河流域生态补偿标准问题研究——以石羊河流域为例[J]．自然资源学报，2014(4)：610-622.
[17]李昌峰，张娈英，赵广川，等．基于演化博弈理论的流域生态补偿研究——以太湖流域为例[J]．中国人口·资源与环境，2014(1)：171-176.
[18]李超显，周云华．湘江流域生态补偿支付意愿及其影响因素的实证研究[J]．系统工程，2013(5)：123-126.
[19]李超显，彭福清，陈鹤．流域生态补偿支付意愿的影响因素分析——以湘江流域长沙段为例[J]．经济地理，2012(4)：130-135.
[20]李浩，黄薇．大型水库消落区治理与保护制度研究[M]．武汉：长江出版社，2015.
[21]李平，刘建武，张友国，等．湘江流域绿色发展研究[M]．北京：中国社会科学出版社，2017.
[22]李维乾，解建仓，李建勋，等．基于改进 Shapley 值解的流域生态补偿额分摊方法[J]．系统工程理论与实践，2013(1)：255-261.
[23]李原园，李爱花，郦建强．流域水生态补偿机理与总体框架[J]．中国水利，2015(22)：5-8，13.
[24]刘桂环，张惠远．流域生态补偿理论与实践研究[M]．北京：中国环境出版社，2015.
[25]刘涛，吴钢，付晓．经济学视角下的流域生态补偿制度——基于一个污染赔偿的算例[J]．生态学报，2012(10)：2985-2991.
[26]刘云浪，程胜高，才惠莲，等．跨流域调水生态补偿研究述评[J]．长江科学院院报，2015(9)：6-13.
[27]鲁仕宝，郑志宏．流域生态补偿标准核算方法及赔偿政策研究[M]．北京：经济管理出版社，2020.
[28]卢新海，柯善淦．基于生态足迹模型的区域水资源生态补偿量化模型构建——以长江流域为例[J]．长江流域资源与环境，2016(2)：334-341.
[29]马永喜，王娟丽，王晋．基于生态环境产权界定的流域生态补偿标准研究[J]．自然资源学报，2017(8)：1325-1336.

[30]孟雅丽，苏志珠，马杰，等．基于生态系统服务价值的汾河流域生态补偿研究[J]．干旱区资源与环境，2017(8)：76-81.
[31]吕志贤，李佳喜．构建湘江流域生态补偿机制的探讨[J]．中国人口·资源与环境，2011(S1)：455-458.
[32]吕志贤，李元钊，李佳喜．湘江流域生态补偿系数定量分析[J]．中国人口·资源与环境，2011(S1)：451-454.
[33]彭丽娟，李奇伟．《湖南省湘江流域生态补偿(水质水量奖罚)暂行办法》实施评估研究[J]．环境保护，2018(24)：64-68.
[34]乔旭宁，杨永菊，杨德刚．制度分析与发展框架下流域生态补偿的应用规则：基于新安江的实践流域生态补偿研究现状及关键问题剖析[J]．地理科学进展，2012(4)：395-402.
[35]秦文展．基于绿色财税政策的湘江流域治理生态补偿机制研究[J]．学理论，2012(25)：68-70.
[36]秦玉才．流域生态补偿与生态补偿立法研究[M]．北京：社会科学文献出版社，2011.
[37]曲富国，孙宇飞．基于政府间博弈的流域生态补偿机制研究[J]．中国人口·资源与环境，2014(11)：83-88.
[38]饶清华，颜梦佳，林秀珠，等．基于帕累托改进的闽江流域生态补偿标准研究[J]．中国环境科学，2016(4)：1235-1241.
[39]任以胜，陆林，虞虎，等．尺度政治视角下的新安江流域生态补偿政府主体博弈[J]．地理学报，2020(8)：1667-1679.
[40]沈满洪，谢慧明．跨界流域生态补偿的“新安江模式”及可持续制度安排[J]．中国人口·资源与环境，2020(9)：156-163.
[41]石广明，王金南．跨界流域生态补偿机制[M]．北京：中国环境科学出版社，2014.
[42]宋建军，等．流域生态环境补偿机制研究[M]．北京：水利水电出版社，2013.
[43]孙毓蔓，黄晶晶，王豪，等．长株潭地区湘江流域生态补偿模式调研[J]．中国集体经济，2009(28)：42.
[44]孙开，孙琳．流域生态补偿机制的标准设计与转移支付安排——基于资金供给视角的分析[J]．财贸经济，2015(12)：118-128.
[45]谭婉冰．基于强互惠理论的湘江流域生态补偿演化博弈研究[J]．湖南社会科学，2018(3)：158-165.

[46]唐见，曹慧群，何小聪，等．河长制在促进完善流域生态补偿机制中的作用研究[J]．中国环境管理，2019(1)：80-83.
[47]王军锋，侯超波．中国流域生态补偿机制实施框架与补偿模式研究——基于补偿资金来源的视角[J]．中国人口·资源与环境，2013(2)：23-29.
[48]王军锋，侯超波，闫勇．政府主导型流域生态补偿机制研究——对子牙河流域生态补偿机制的思考[J]．中国人口·资源与环境，2011(7)：101-106.
[49]王军锋，吴雅晴，姜银萍，等．基于补偿标准设计的流域生态补偿制度运行机制和补偿模式研究[J]．环境保护，2017(7)：38-43.
[50]王西琴，高佳，马淑芹，等．流域生态补偿分担模式研究——以九洲江流域为例[J]．资源科学，2020(2)：242-250.
[51]王奕淇，李国平．基于水足迹的流域生态补偿标准研究——以渭河流域为例[J]．经济与管理研究，2016(11)：82-89.
[52]王雨蓉，陈利根，陈歆，等．制度分析与发展框架下流域生态补偿的应用规则：基于新安江的实践[J]．中国人口·资源与环境，2020(1)：41-48.
[53]魏楚，沈满洪．基于污染权角度的流域生态补偿模型及应用[J]．中国人口·资源与环境，2011(6)：135-141.
[54]吴箐，汪金武．完善我国流域生态补偿制度的思考——以东江流域为例[J]．生态环境学报，2010(3)：751-756.
[55]肖爱，李峻．流域生态补偿关系的法律调整：深层困境与突围[J]．政治与法律，2013(7)：136-145.
[56]肖辰畅，吴文晖，邓荣．构建湘江流域生态补偿机制存在的问题研究[J]．环境科学与管理，2016(3)：145-148.
[57]肖加元，潘安．基于水排污权交易的流域生态补偿研究[J]．中国人口·资源与环境，2016(7)：18-26.
[58]谢玲，李爱年．责任分配抑或权利确认：流域生态补偿适用条件之辨析[J]．中国人口·资源与环境，2016(10)：109-115.
[59]谢晓敏，蹇兴超，冯庆革．基于COD水环境剩余容量的流域生态补偿研究[J]．中国人口·资源与环境，2013(S1)：103-106.
[60]许晨阳，钱争鸣，李雍容，等．流域生态补偿的环境责任界定模型研究[J]．自然资源学报，2009(8)：1488-1496.
[61]徐大伟，涂少云，常亮，等．基于演化博弈的流域生态补偿利益冲突分析[J]．中国人口·资源与环境，2012(2)：8-14.

[62]徐松鹤, 韩传峰. 基于微分博弈的流域生态补偿机制研究[J]. 中国管理科学, 2019(8): 119-207.
[63]杨光明, 时岩钧, 杨航, 等. 长江经济带背景下三峡流域政府间生态补偿行为博弈分析及对策研究[J]. 生态经济, 2019(4): 202-209, 224.
[64]杨兰, 胡淑恒. 基于动态测算模型的跨界生态补偿标准——以新安江流域为例[J]. 生态学报, 2020(17): 5957-5967.
[65]杨璐璐. 会计视角下湖南省湘江流域生态补偿标准研究[J]. 现代商业, 2015(7): 110-111.
[66]余光辉, 陈莉丽, 田银华. 基于排污权交易的湘江流域生态补偿研究[J]. 水土保持通报, 2015(5): 159-163.
[67]禹雪中, 冯时. 中国流域生态补偿标准核算方法分析[J]. 中国人口·资源与环境, 2011(9): 14-19.
[68]张捷. 我国流域横向生态补偿机制的制度经济学分析[J]. 中国环境管理, 2017(3): 27-29, 36.
[69]张婕, 王济干, 徐健. 流域生态补偿机制研究: 基于主体行为分析[M]. 北京: 科学出版社, 2017.
[70]张婕, 徐健. 流域生态补偿模式优化组合模型[J]. 系统工程理论与实践, 2011(10): 2027-2032.
[71]张明凯, 潘华, 胡元林. 流域生态补偿多元融资机制及融资效果的系统动力学模型分析[J]. 统计与决策, 2018(19): 71-75.
[72]赵银军, 魏开湄, 丁爱中, 等. 流域生态补偿理论探讨[J]. 生态环境学报, 2012(5): 963-969.
[73]赵玉, 张玉, 熊国保. 基于随机效用理论的赣江流域生态补偿支付意愿研究[J]. 长江流域资源与环境, 2017(7): 1049-1056.
[74]郑云辰, 葛颜祥, 接玉梅, 等. 流域多元化生态补偿分析框架: 补偿主体视角[J]. 中国人口·资源与环境, 2019(8): 131-139.
[75]周晨, 李国平. 流域生态补偿的支付意愿及影响因素——以南水北调中线工程受水区郑州市为例[J]. 经济地理, 2015(6): 38-46.
[76]周晨, 丁晓辉, 李国平, 等. 流域生态补偿中的农户受偿意愿研究——以南水北调中线工程陕南水源区为例[J]. 中国土地科学, 2015(8): 63-72.
[77]朱建华, 张惠远, 郝海广, 等. 市场化流域生态补偿机制探索——以贵州省赤水河为例[J]. 环境保护, 2018(24): 26-31.